C 语言程序设计实验教程

主　编　励龙昌　虞铭财
副主编　陆　岚　陈赛娉

ZHEJIANG UNIVERSITY PRESS
浙江大学出版社

图书在版编目(CIP)数据

C 语言程序设计实验教程 / 励龙昌,虞铭财主编 . —

杭州:浙江大学出版社,2013.6(2019.5 重印)

ISBN 978-7-308-11941-2

Ⅰ.①C⋯ Ⅱ.①励⋯ ②虞⋯ Ⅲ.①C 语言—程序设

计—教材 Ⅳ.①TP312

中国版本图书馆 CIP 数据核字(2013)第 181489 号

C 语言程序设计实验教程

励龙昌 虞铭财 主编

责任编辑	吴昌雷 李峰伟
封面设计	续设计
出版发行	浙江大学出版社
	(杭州市天目山路 148 号 邮政编码 310007)
	(网址:http://www.zjupress.com)
排 版	杭州金旭广告有限公司
印 刷	嘉兴华源印刷厂
开 本	787mm×1092mm 1/16
印 张	10.75
字 数	262 千
版 印 次	2013 年 6 月第 1 版 2019 年 5 月第 5 次印刷
书 号	ISBN 978-7-308-11941-2
定 价	30.00 元

前 言

"C 语言程序设计基础"是大学计算机基础教学的课程之一,是以 C 语言为平台,通过介绍程序设计语言的基本结构,使学生理解计算机科学求解问题的基本过程,掌握程序设计的基本思想、方法和技巧,养成良好的程序设计习惯,培养学生利用计算机求解问题的基本能力及计算思维能力。

程序设计能力培养是一个循序渐进的过程,即从基本语法→读程序→理解程序→修改并模仿编程→独立总结算法编程等过程,本书正是遵从这样一个过程编写的。每一章首先介绍该章必备的基本知识,然后选择若干个典型案例,通过案例的求解分析和示例程序,要求学生掌握运用本章知识进行解题的基本过程和基本技巧,然后是问题求解、编程,最后提交 OJ(Online Judge)系统验证。

全书共 11 章,每章都提供了实验前必备的基础知识、典型的实验案例和精心设计的实验题。实验题与 OJ 系统一致,每个实验题都包括问题描述、输入描述、输出描述、输入样例和输出样例。读者可以先编写程序,然后用样例提供的数据进行测试,在实践中逐步理解和掌握程序设计的思想、方法和技巧。本书第 5 章和第 6 章以及第 8 章到第 11 章由谈燕花、励龙昌老师编写,第 1 章和第 7 章由虞铭财老师编写,第 2 章和第 3 章由陆岚老师编写,第 4 章由陈赛娉老师编写。

本书在编写过程中,温州大学物理与电子信息工程学院李忠月老师、肖磊老师等审阅了书稿并提出宝贵意见;王咏老师提供软件工程部分的材料,李忠月老师和温州大学 ACM 协会的部分同学提供部分实验题和测试样例,在此对他们表示衷心感谢!

本书得到温州大学计算机实验教学示范中心——浙江省实验教学示范中心建设项目资助,以及温州大学"大学计算机课程教学改革"项目的资助。

由于时间仓促,编者水平有限,书中难免存在不足之处,敬请广大读者批评指正。

编 者
2013 年 4 月

目　录

第1章

C 语言集成开发环境

1.1 实验目的

通过本章实验,要求:

①掌握 C 语言程序框架;

②掌握 C 语言程序开发的过程;

③掌握 C 语言的基本数据类型;

④掌握基本数据类型的输入输出;

⑤掌握算术运算符及算术表达式;

⑥掌握 VC++ 和 C-Free 集成开发环境的初步知识。

1.2 基本知识

1.2.1 C 语言程序框架

C 语言程序是以 main()开始的,一个 C 语言程序有且只能有一个 main()。C 语言程序的基本框架为:

```
int main()
{
    //语句;
    return 0;
}
```

1.2.2 printf()函数初步知识

printf()是 C 语言的基本输出函数,用于输出文本和变量的值。在使用 printf()函数时,应包含 stdio.h 这个头文件。printf()函数输出一个字符串的格式为：

```
printf("this is my first program\n");
```

1.3 典型案例及分析

1.3.1 输出文本

(1)问题描述

输出以下文本：

```
* * * * * * * * * * * * * * * * * * * *
hello world
* * * * * * * * * * * * * * * * * * * *
```

输入样例：

无。

输出样例：

```
* * * * * * * * * * * * * * * * * * * *
hello world
* * * * * * * * * * * * * * * * * * * *
```

(2)问题分析

分三行输出文本,每行输出后换行。

    E1   输出 20 个 * ,换行

    E2   输出 4 个空格,然后输出 hello world 后换行

    E3   输出 20 个 * ,换行

(3)源程序

```c
/*
程序名:ex1_3_1.c
功能:输出指定的文本
*/
#include <stdio.h>
int main()
{
    printf("* * * * * * * * * * * * * * * * * * * *\n");
    printf("hello world\n");
    printf("* * * * * * * * * * * * * * * * * * * *\n");
    return 0;
}
```

1.3.2 VC++ 开发 C 语言程序过程

(1)进入 Visual C++ 6.0 集成开发环境

点击 Windows"**开始**"菜单,选择"**程序**"组下"**Microsoft Visual Studio 6.0**"子组下的快捷

方式"**Microsoft Visual C++ 6.0**"启动 Visual C++ 6.0,如图 1-1 所示。

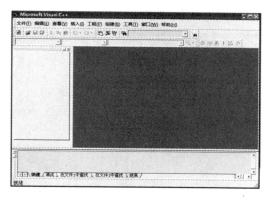

图 1-1　启动界面

(2)建立工程

选择"**文件**"菜单下的"**新建**"菜单项或直接按快捷键 **Ctrl+N**,启动新建向导,如图 1-2 所示。

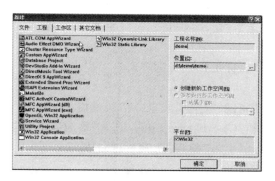

图 1-2　新建向导

在"**工程**"属性页选择"**Win32 Console Application**",在"**工程名称**"中输入项目名称 demo,在 "**位置**"中选择项目文件夹,如图 1-2 中 d:\demo\demo,项目所有文件将保存在此文件夹 中。输入完毕,单击确定按钮,进入下一界面,如图 1-3 所示。

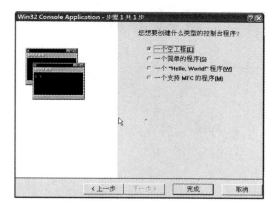

图 1.-3　项目类型向导

在图1-3所示界面中选择"**一个空工程**",然后点击"**完成**"按钮,系统显示如图1-4所示界面。如果想退回一步可以选择"**上一步**"按钮。

图1-4 项目信息

在图1-4中选择"**确定**"按钮,系统完成项目的创建,并保存项目相关的信息。

(3)保存工程

选择"**文件**"菜单中的"**保存工作空间**"即可。

(4)新建源文件

选择"**文件**"菜单下的"**新建**"菜单项或直接按快捷键 **Ctrl＋N**,启动新建向导,如图1-5所示。在"**文件**"属性页选择"**C++ Source File**",选择"**添加到工程**",在文件名中输入源文件的名字,本例中为 demo.cpp,点击"**确定**"完成新建文件。

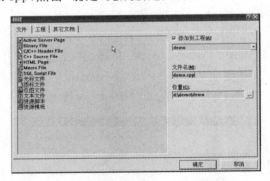

图1-5 新建文件

(5)输入源代码

在"**工作区**"窗口中点击"**FileView**",然后双击刚才新建的文件 demo.cpp,并在源代码窗口中输入源代码,如图1-6所示。

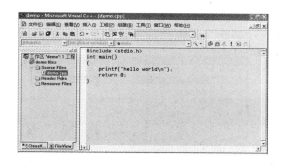

图 1-6 输入源代码

（6）保存文件

选择**"文件"**菜单中的**"保存"**菜单项保存文件。

（7）编译工程

选择**"组建"**菜单中的**"编译"**菜单项或者直接按快捷键 **Ctrl＋F7** 编译项目。系统在如图 1-7 所示的窗口中显示编译信息。

图 1-7 编译信息

（8）连接程序

选择**"组建"**菜单中的**"组建"**菜单项或者直接按快捷键 **F7** 连接项目。系统在如图 1-8 所示的窗口中显示连接信息。

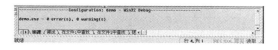

图 1-8 连接信息

（9）运行程序

选择**"组建"**菜单中的**"执行"**菜单项或者直接按快捷键 **Ctrl＋F5** 运行程序。程序运行结果如图 1-9 所示。

图 1-9 程序运行结果

1.3.3 Dev-C++ 集成开发环境

（1）打开 Dev-C++

在 Windows 下的**"开始"**菜单中找到**"Dev-CPP"**，然后点击即可启动 Dev-CPP 集成开发环境。

（2）新建 C 语言源文件

在菜单中选择"**文件**"→"**新建**"→"**源代码**"，如图 1－10 所示。

图 1－10　新建源代码

新建文件后，再选择"**文件**"→"**另存为**"保存文件，如图 1－11 所示。

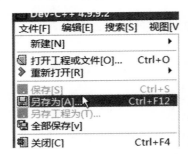

图 1－11　源文件另存为

选择文件的保存路径后，在窗口中输入文件名，注意扩展名为.c 或者.cpp，如图 1－12 所示，然后点击保存即可。

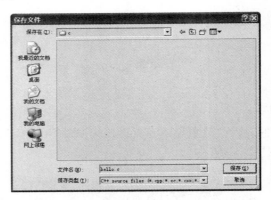

图 1－12　文件另存为窗口

（3）输入源代码

在新建的 hello.c 中输入源代码。

（4）保存文件

选择"**文件**"菜单中的"**保存**"菜单项保存文件。

（5）编译

点击"**运行**"→"**编译**"编译源代码。如果有错误，在下方的"**编译器**"消息窗口会有**错误提示**，如图 1－13 所示，仔细看提示，修改错误后再次编译。

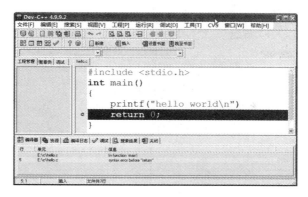

图 1-13　编译信息

(6)运行

点击"**运行**"→"**运行**",即可运行程序。

注意:如果发现运行程序一闪就结束了,可以加上头文件♯include＜stdlib.h＞,在 return语句之前加上一行:

```
system("pause");
```

添加代码后,源代码如图 1-14 所示。

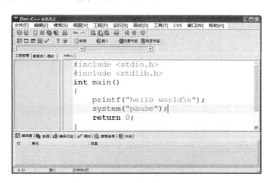

图 1-14　添加额外的代码

然后再编译运行,可以看到程序运行结果如图 1-15 所示。

图 1-15　程序运行结果

1.3.4　C-Free 集成开发环境

(1)打开 C-Free 集成开发环境

在 Windows 下的"**开始**"菜单中找到"**C-Free**",然后点击即可启动 C-Free 集成开发环境。

（2）新建 C 语言源文件

在菜单中选择"**文件**"→"**新建**"，如图 1－16 所示。

图 1－16　新建源文件

新建文件后，再选择"**文件**"→"**另存为**"，如图 1－17 所示。

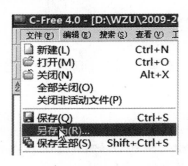

图 1－17　源文件另存为

选择文件的保存路径后，在窗口中输入文件名，注意扩展名为 .c 或者 .cpp，如图 1－18 所示，点击保存即可。

图 1－18　文件另存为窗口

（3）输入源代码

在新建的 hello.cpp 中输入源代码，输入完成后点击"**文件**"→"**保存**"，保存源代码。

（4）编译

点击"**构建**"→"**编译**"编译源代码。如果有错误，在下方的"**构建**"消息窗口中会有**错误提示**，仔细看提示，修改错误后再次编译。

1.4　实验案例

1.4.1　输出网格

(1)问题描述

输出如下所示的网格：

```
+ - - - + - - - +
|       |       |
+ - - - + - - - +
```

说明：两个"＋"之间有三个"－"。

(2)输入描述

无。

(3)输出描述

输出如样例所示的网格，总共三行。

(4)输入样例

无。

(5)输出样例

```
+ - - - + - - - +
|       |       |
+ - - - + - - - +
```

1.4.2　输出 C

(1)问题描述

在标准输出上输出有 ＊ 号构成的字母 C，如下所示：

```
* * * *
*
*
* * * *
```

(2)输入描述

无。

(3)输出描述。

```
* * * *
*
*
* * * *
```

(4)输入样例

无。

（5）输出样例
```
* * * *
*
*
* * * *
```

1.4.3 正方形

（1）问题描述

给定一个字符，请输出一个由该字符构成的边长为 4 的正方形。

（2）输入描述

输入只有一行，该行只有一个字符。

（3）输出描述

输出一个边长为 4 的正方形，正方形的四条边均由输入的字符构成，正方形的内部由空格构成。

（4）输入样例

```
*
```

（5）输出样例

```
*  *  *  *
*        *
*        *
*  *  *  *
```

第2章

C 语言基本元素

2.1 实验目的

通过本章实验,要求:
①进一步理解 C 语言的基本数据类型;
②进一步理解 printf() 的输出格式;
③掌握 scanf() 的应用;
④掌握算术运算符和算术表达式;
⑤掌握简单的数学函数的应用。

2.2 基本知识

2.2.1 基本数据类型的输入和输出

基本数据类型的输入和输出见表 2-1。

表 2-1 C 语言的基本数据类型的输入输出格式

数据类型	标识符	字节数	输入格式	输出格式
整型数据	int	4	%d	%d
单精度浮点数	float	4	%f	%f
双精度浮点数	double	8	%lf	%lf
字符数据	char	1	%c	%c

在输出格式中,还可以规定数据的长度和小数位数,如 %10.5f,数据总长度为 10 位,其中小数占 5 位;%.5f,小数保留 5 位。

2.2.2 算术运算符及优先级

算术运算有＋(加)、－(减)、*(乘)、/(除)、%(求余数)。在使用数学运算符时应注意：
① 两个整型数相除，其结果是整型数，如 9/4＝2,3/4＝0。
② %运算符只能用于整型数。

2.2.3 C 语言编程步骤

C 语言编程步骤如图 2－1 所示。在 C 语言编程步骤中,分析问题占有很重的分量,约占程序设计的 1/3 的工作量。这一点在复杂问题编程时尤为重要,详见§10.3.1 的有关内容或参考有关软件工程书籍。

如果程序编译和连接发生错误,一般是语法错,可根据相关**错误提示**修改源程序。

如果程序运行结果错,表示程序有逻辑错误,应逐步对照分析问题的过程和程序流程,检查错误原因,也可进行程序调试(具体调试方法和过程见以后各章),检查每一步变量的变化,以确定错误的原因。

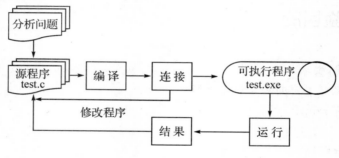

图 2－1 C 语言编程步骤

2.3 典型案例及分析

2.3.1 A＋B

(1)问题描述
给定两个整数 a,b,求 a＋b。
输入样例：
1 1
输出样例：
2
(2)问题分析
运用算术运算符＋,计算 a＋b 的值。简单的算法如下：
    E1　输入 a,b
    E2　计算 c＝a＋b
    E3　输出 c 的值

（3）源程序

```
/*
程序名:ex2_3_1.c
功能:计算两个整数的和 c=a+b
*/
#include <stdio.h>
int main()
{
    int a,b,c;
    scanf("%d%d",&a,&b);
    c=a+b;
    printf("%d\n",c);
    return 0;
}
```

（4）思考

修改问题,计算两个实型数的相加,请自行修改程序。

2.3.2　输出三位正整数的每一位数值

（1）问题描述

输入一个三位正整数 x,分别输出个位数、十位数和百位数的值。

输入样例:

246

输出样例:

2　4　6

（2）问题分析

求百位数比较容易,x 是一个三位数,x/100 就是百位数的值。

个位数的值＝x%10。

十位数的值的计算方法,先求 x%100 的余数,然后该余数除以 10,即为十位数的值。

　　E1　输入 x

　　E2　计算百位数,并输出

　　E3　计算十位数,并输出

　　E4　计算个位数,并输出

（3）源程序

```
/*
程序名:ex2_3_2.c
功能:输出三位数的百位、十位和个位数的值
*/
#include <stdio.h>
int main()
{
    int x;
```

```
        scanf("%d",&x);
        printf("%d",x/100);        //计算百位数
        printf("%d",x%100/10);      //计算十位数
        printf("%d\n",x%10);        //计算个位数
        return 0;
    }
```

2.4 实验案例

2.4.1 A－B

(1)问题描述

给定两个浮点数,求两个浮点数的差。所有浮点数用 double 类型,可参考§2.3.1。

(2)输入描述

输入只有一行,只有两个浮点数 a 和 b,中间用空格分开。

(3)输出描述

在单独的一行中输出 a－b,结果保留两位小数。

(4)输入样例

    2.3 1.1

(5)输出样例

    1.20

2.4.2 计算球体积

(1)问题描述

根据输入的半径值,计算球的体积。

PI 取常量 3.1415927。数据类型请用 double。

(2)输入描述

输入数据只有一行,仅包含一个实数,表示球的半径。

(3)输出描述

输出为一行,包括一个实数,计算结果保留三位小数,行尾输出一个换行符。

(4)输入样例

    1.5

(5)输出样例

    14.137

2.4.3 计算两点间的距离

(1)问题描述

输入两点坐标(x_1,y_1),(x_2,y_2),计算并输出两点间的距离。

提示:计算两点间距离时平方根函数的使用:在文件开始加入语句

```
#include <math.h>
```

平方根函数的使用：

```
s=sqrt(s);
```

（2）输入描述

输入数据占一行，由 4 个实数组成，分别表示 x_1，y_1，x_2，y_2，数据之间用空格隔开。

（3）输出描述

输出为一行，一行中只有一个浮点数，结果保留两位小数，行尾需要输出一个换行符。

（4）输入样例

```
100 99 0 0
```

（5）输出样例

```
140.72
```

（6）提示

输出数字保留两位数字可以用：

```
printf("%.2lf",...)
```

2.4.4 圆的直径、周长和面积

（1）问题描述

要求读入一个圆的半径，并打印圆的直径、周长和面积。PI 取常量 3.1415927。

（2）输入描述

输入只有一行，一个 double 类型的数。

（3）输出描述

输出只有一行，分别为圆的直径、周长和面积，分别用空格隔开，要求精确到小数点后两位。

（4）输入样例

```
1
```

（5）输出样例

```
2.00 6.28 3.14
```

2.4.5 ASCII 码

（1）问题描述

输出字符的 ASCII 码值。

背景知识：

目前计算机中用得最广泛的字符集及其编码，是由美国国家标准局（ANSI）制定的 ASCII 码（American Standard Code for Information Interchange，美国标准信息交换码）。它已被国际标准化组织（ISO）定为国际标准，称为 ISO 646 标准，适用于所有拉丁文字字母，ASCII 码有 7 位码和 8 位码两种形式。

因为 1 位二进制数可以表示 $2^1 = 2$ 种状态：0、1；而 2 位二进制数可以表示 $2^2 = 4$ 种状态：00、01、10、11；依次类推，7 位二进制数可以表示 $2^7 = 128$ 种状态，每种状态都唯一地编为一个 7 位的二进制码，对应一个字符（或控制码），这些码可以排列成一个十进制序号 0～

127。所以,7 位 ASCII 码是用 7 位二进制数进行编码的,可以表示 128 个字符。

第 0～32 号及第 127 号(共 34 个)是控制字符或通讯专用字符,如控制符:LF(换行)、CR(回车)、FF(换页)、DEL(删除)、BS(退格)、BEL(振铃)等;通讯专用字符:SOH(文头)、EOT(文尾)、ACK(确认)等。

第 33～126 号(共 94 个)是字符,其中第 48～57 号为 0～9 共十个阿拉伯数字,65～90 号为 26 个大写英文字母,97～122 号为 26 个小写英文字母,其余为一些标点符号、运算符号等。

在计算机的存储单元中,一个 ASCII 码值占一个字节(8 个二进制位),其最高位(b7)用做奇偶校验位。所谓奇偶校验,是指在代码传送过程中用来检验是否出现错误的一种方法,一般分奇校验和偶校验两种。奇校验规定:正确的代码一个字节中 1 的个数必须是奇数,若非奇数,则在最高位 b7 添 1;偶校验规定:正确的代码一个字节中 1 的个数必须是偶数,若非偶数,则在最高位 b7 添 1。

(2)输入描述

输入只有一个字符。

(3)输出描述

在单独的一行中输出该字符的 ASCII 码值。

(4)输入样例

    a

(5)输出样例

    97

2.4.6　数字分隔

(1)问题描述

输入一个 5 位整数,分解出它的每位数字,并将这些数字间隔 3 个“－”的形式打印出来。

(2)输入描述

输入只有一行,该行只有一个 5 位整数。

(3)输出描述

输出只有一行,分解出它的每位数字,并将这些数字间隔 3 个减号(就是:“－”)的形式打印出来。

(4)输入样例

    12345

(5)输出样例

    1－－－2－－－3－－－4－－－5

2.4.7　简单的四则运算

(1)问题描述

给定两个整数,输出这两个数的和、积、差和商。

(2)输入描述

输入只有一行,该行包含两个用空格隔开的整数。

（3）输出描述

输出为一行,这行有 4 个整数,分别为两个整数的和、积、差和商,数与数之间用一个空格隔开。

（4）输入样例

　　24 3

（5）输出样例

　　27 72 21 8

2.4.8　温度转换

（1）问题描述

求华氏温度 F 对应的摄氏温度 C,计算公式为:C＝5/9＊(F－32)。

（2）输入描述

输入只有一个表示华氏温度的整数 F。

（3）输出描述

在一行中输出对应的摄氏温度,结果保留一位小数。

注意输出用 printf("%.1lf\n",...)的格式输出。

（4）输入样例

　　150

（5）输出样例

　　65.6

2.4.9　平均分

（1）问题描述

已知某学生的 3 门课成绩,求他这 3 门课成绩的平均分。

（2）输入描述

输入只有一行,该行中有 3 个由空格分隔的整数,分别表示该学生的 3 门课成绩。

（3）输出描述

在单独的一行中输出该学生的平均分,结果保留一位小数。

（4）输入样例

　　60 65 70

（5）输出样例

　　65.0

2.4.10　求梯形的面积

（1）问题描述

给定梯形的上底、下底和高,求梯形的面积。

（2）输入描述

输入为一行,该行有 3 个整数,分别表示梯形的上底、下底和高,3 个数据之间用空格隔开。

（3）输出描述

在单独的一行中输出梯形的面积,结果保留两位小数。

（4）输入样例

    1 2 3

（5）输出样例

    4.50

2.4.11　时间 A＋B

（1）问题描述

给定两个时间 A 和 B,都是由 3 个整数组成,分别表示时、分、秒。比如,假设 A 为 34 45 56,那么 A 表示的时间是 34 小时 45 分钟 56 秒。

（2）输入描述

输入数据有 6 个整数 AH,AM,AS,BH,BM,BS,分别表示时间 A 和 B 所对应的时、分、秒。题目保证所有的数据合法。

（3）输出描述

在单独的一行中输出 A＋B 的结果,输出结果也是由时、分、秒这 3 部分组成,同时也要满足时间的规则（即:分和秒的取值范围在 0～59）。

（4）输入样例

    34 45 56 12 23 34

（5）输出样例

    47 9 30

第3章

选择结构

3.1 实验目的

通过本章实验,要求:
① 掌握 if else 语法及程序流程;
② 掌握关系运算符及关系表达式;
③ 掌握逻辑运算符和逻辑表达式;
④ 掌握 if else 的嵌套结构;
⑤ 掌握 switch 结构及程序流程。

3.2 基本知识

3.2.1 逻辑运算符和逻辑表达式

C 语言的逻辑运算符有!(逻辑非)、&&(逻辑与)、||(逻辑或),其运算规则见表 3-1。

表 3-1 逻辑运算规则

a	b	! a	a&&b	a‖b
T	T	F	T	T
T	F	F	F	T
F	T	T	F	T
F	F	T	F	F

注:T 表示为真,F 表示为假。

逻辑表达式的应用：

①判断 year 年份是否为闰年。闰年是指能被 100 整除或者是能被 4 整除但不能被 100 整除的年份，可如下表述：

```
year%100==0 ||（year%4==0 && year%100!=0）
```

②判断字符 ch 为大写字母，可如下表述：

```
ch>='A'&& ch≤'Z'
```

③边长为 a,b,c 的三条边能否组成三角形，可如下表述：

```
a+b>c && a+c>b && b+c>a
```

3.2.2　if else 语法和程序流程

if else 的基本语法为：

```
if(条件)
    {
        复合语句1；
    }
else
    {
        复合语句2；
    }
```

相应的程序流程如图 3-1 所示。

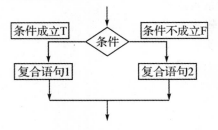

图 3-1　if else 程序流程

3.2.3　if else 的嵌套结构

if else 嵌套结构的基本语法为：

```
if(条件1)
    {
        复合语句1；
    }
else
    {
        if(条件2)
            {
                复合语句2；
            }
        else
```

```
        {
            复合语句 3；
        }
    }
```

程序流程如图 3 - 2 所示。

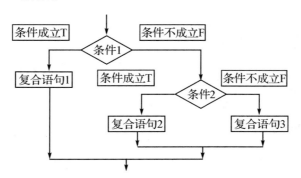

图 3 - 2　if else 嵌套结构程序流程

或 if else 嵌套结构的基本语法为：

```
    if(条件 1)
      {
        if(条件 2)
          {
            复合语句 2；
          }
        else
          {
            复合语句 3；
          }
      }
    else
      {
        复合语句 1；
      }
```

注意：在应用 if else 嵌套结构时，一是要特别注意 else 与 if 的对应，else 与最近的一个 if 相对应；二是不要省略{}。

3.2.4　switch()语法结构及流程

```
switch(表达式)
{
    case a:
        复合语句 1;
        break;
    case b:
        复合语句 2;
        break;
    default:
        复合语句 3;
        break;
}
```

3.3　典型案例及分析

3.3.1　计算分段函数的值

（1）问题描述

输入 x（x 为整数）的值，计算以下函数的值：

$$y=\begin{cases} x+10 & (x>10), \\ x^2+2x+1 & (x\leqslant 10)。 \end{cases}$$

输入样例：

15

输出样例：

25

（2）问题分析

　　E1　输入 x 的值

　　E2　如果（x>10）成立，y＝x＋10

　　　　否则，y＝x^2＋2＊x＋1

　　E3　输出 y 的值

（3）源程序

```
/*
程序名:ex3_3_1.c
功能:计算分段函数的值
*/
#include <stdio.h>
int main()
{
```

```
    int x,y;
    scanf("%d",&x);
    if(x>10)
      {
         y=x+10;
      }
    else
      {
         y= x*x+2*x+1;
      }
    printf("%d\n",y);
    return 0;
 }
```

（4）思考

如何求三段函数的值？

$$f(x)=\begin{cases} \dfrac{8}{x^2+x+1} & (-5\leqslant x<0),\\[2mm] \dfrac{7}{x^2+x+1} & (0\leqslant x<5),\\[2mm] \dfrac{2}{x+8} & (5\leqslant x<10),\\[2mm] 0 & (其他)。\end{cases}$$

3.3.2　计算每个月份的天数

（1）问题描述

输入年份和月份，输出该年对应月份的天数。

输入样例 1：

2009 3

输出样例 1：

31

输入样例 2：

2000　2

输出样例 2：

29

（2）问题分析

　　E1　输入年份和月份，year 和 month

　　E2　如果是 1,3,5,7,8,10,12 月，day＝31

　　E3　如果是 4,6,9,11 月，day＝30

　　E4　如果是 2 月，

　　　　E4.1　如果是闰年，day＝29

　　　　　　　否则 day＝28

E5　输出 day

（3）源程序

```
/*
程序名：ex3_3_2.c
功能：计算指定年份和月份的天数
*/
#include <stdio.h>
int main()
{
    int year,month,day;
    scanf("%d%d",&year,&month);
    switch(month)
    {
        case 1:
        case 3:
        case 5:
        case 7:
        case 8:
        case 10:
        case 12:
            day=31;
            break;
        case 4:
        case 6:
        case 9:
        case 11:
            day=30;
            break;
        case 2:
            if(year%400==0||(year%4==0&&year%100!=0))
                day=29;
            else
                day=28;
            break;
    }
    printf("%d\n",day);
    return 0;
}
```

（4）思考

switch()与 if else 结构是可以互换的，请用 if else 结构完成该题。

3.4   实验案例

3.4.1   正负数

(1)问题描述

对输入的一个整数 n,如果 n 是正数,则输出 1;如果 n 是 0,则输出 0;如果 n 是负数,则输出 −1。

(2)输入描述

输入只有一个整数 n。

(3)输出描述

根据 n 的值在单独的一行输出 0,1 或者 −1。

(4)输入样例

    -10

(5)输出样例

    -1

3.4.2   大小判定

(1)问题描述

给定两个整数 a 和 b,判定两个数的大小关系。

(2)输入描述

输入只有一行,这一行中有两个由空格分开的整数。

(3)输出描述

如果前一个数比后一个数大,在单独的一行中输出＞;如果前一个数比后一个数小,则输出＜;如果相等,则输出＝。

(4)输入样例

    1 2

(5)输出样例

    ＜

3.4.3   判断能否构成三角形

(1)问题描述

给定 3 条边,请你判断一下能不能组成一个三角形。

(2)输入描述

输入一个测试数据,包含 3 个正数 A,B,C。

(3)输出描述

对于每个测试实例,如果 3 条边长 A,B,C 能组成三角形的话,输出 YES,否则 NO。

（4）输入样例

    1 2 3

（5）输出样例

    NO

3.4.4　整数排序

（1）问题描述

输入 3 个整数 x,y,z,请把这 3 个数由小到大输出。

（2）输入描述

输入只有一组测试数据,包含 3 个整数,中间用空格隔开。

（3）输出描述

将这 3 个数从小到达输出到一行,中间用空格隔开。

（4）输入样例

    4 7 1

（5）输出样例

    1 4 7

3.4.5　鸡兔同笼

（1）问题描述

一个笼子里面关了鸡和兔子(鸡有 2 只脚,兔子有 4 只脚,没有例外)。已经知道了笼子里面脚的总数 a,问笼子里面至少有多少只动物,至多有多少只动物。

（2）输入描述

输入只有一组测试数据,每组测试数据占 1 行,包括一个正整数 a。

（3）输出描述

输出是两个正整数,第一个是最少的动物数,第二个是最多的动物数,两个正整数用空格分开。如果没有满足要求的情况出现,则输出"0 0"。

（4）输入样例

    20

（5）输出样例

    5 10

3.4.6　成绩转换

（1）问题描述

输入一个百分制的成绩 t,将其转换成对应的等级,具体转换规则如下:

    90～100 为 A;

    80～89 为 B;

    70～79 为 C;

    60～69 为 D;

    0～59 为 E。

（2）输入描述

输入一个整数。

（3）输出描述

如果输入数据不在 0～100 范围内，请输出一行："Score is error!"。

（4）输入样例

    56

（5）输出样例

    E

3.4.7　三个数的基本运算

（1）问题描述

描述从键盘输入 3 个整数，并打印它们的和、平均值、乘积、最小值和最大值。

（2）输入描述

输入只有一行，该行包含用空格隔开的 3 个整数。

（3）输出描述

在单独的一行中分别输出这 3 个数的和、平均值（取其整数部分）、乘积、最小值和最大值，用空格隔开。

（4）输入样例

    13 27 14

（5）输出样例

    54 18 4914 13 27

3.4.8　简单计算

（1）问题描述

定义 $f(A)=1,f(a)=-1,f(B)=2,f(b)=-2,\cdots,f(Z)=26,f(z)=-26$。

给定一个字母 x 和一个整数 y，求表达式 $f(x)+y$ 的值。

（2）输入描述

输入数据包括一个字母 x 和一个整数 y，数据之间有一个空格。

（3）输出描述

在单独的一行中给出 $f(x)+y$ 的值。

（4）输入样例

    R 1

（5）输出样例

    19

3.4.9　寻找最小的数

（1）问题描述

给定 3 个实数，输出 3 个数中最小的数。

(2)输入描述

输入只有一行,该行有 3 个实数,数据之间由一个空格隔开。

(3)输出描述

在单独的一行中输出 3 个数中最小的数,结果保留两位小数。

(4)输入样例

    3 12.0

(5)输出样例

    1.00

3.4.10　数字回文

(1)问题描述

"回文"是一种特殊的数或者文字短语。它们无论是顺读还是倒读,结果都一样。例如:12321,55555,45554。读入一个 5 位整数,判断它是否是回文数。

(2)输入描述

输入是一个 5 位整数。

(3)输出描述

如果输入的数是回文数,输出"Yes.",否则输出"No."。

(4)输入样例

    12321

(5)输出样例

    Yes.

3.4.11　方程求根

(1)问题描述

给定方程的系数 a,b,c,求一元二次方程 $a*x^2+b*x+c=0$ 的根。

(2)输入描述

输入只有 3 个浮点数,之间用空格分开。

(3)输出描述

如果方程没有实数解,则输出 no,如果方程有两个相同的实数解,则在单独的一行中输出该值,结果保留两位小数。

如果有两个不同的实数解,则在单独一行中输出,中间用一个空格分开,结果保留两位小数。大的在前,小的在后。

(4)输入样例

    2.2 8.5 3.5

(5)输出样例

    -0.47 -3.40

第4章

循环结构

4.1 实验目的

通过本章实验,要求:

①掌握 C 语言三种循环结构的语法、区别及应用选择;

②掌握 break 和 continue 语句的功能;

③掌握应用循环解题的一般过程;

④掌握基本算法的程序实现(求和、求连乘、求最大值、求最大公约数和最小公倍数、迭代法方程求解、枚举法方程求解)。

4.2 基本知识

4.2.1 三种循环结构

所谓循环语句,是指在满足一定的条件下,重复执行一段代码(复合语句)。C 语言提供了三种循环语句:for,while,do-while。

(1)while 循环语句一般形式

    表达式 1;

    while(表达式 2)

    {

        复合语句 1;

        表达式 3;

    }

表达式 2 被称为循环条件,复合语句 1 为循环体。程序流程如图 4-1 所示。

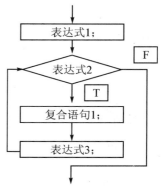

图 4-1 while 循环程序流程

执行 while 循环语句时,首先求表达式 2 的值。如果其值为真(非 0),则执行复合语句 1(循环体),然后执行表达式 3 的值,然后再次求该表达式 2 的值,这一循环一直进行下去,直到该表达式的值为假(0)为止,随后继续执行 while 语句后面的部分。

(2)for 循环语句一般形式

```
for(表达式 1;表达式 2;表达式 3)
{
        复合语句 1;
}
```

程序流程图与 while 循环相同。

for 循环的执行过程,首先执行表达式 1,然后执行表达式 2,如果表达式 2 的值为真,则执行复合语句 1,并在执行完复合语句 1 后执行表达式 3,这样完成一轮循环。下一轮循环开始首先执行表达式 2,如果表达式 2 的值为真,继续执行复合语句 1,并在执行完语句后执行表达式 3,这一循环一直进行下去,直到表达式 2 的值为假为止,随后继续执行 for 循环语句后面的部分。

从语法角度看,for 循环语句的 3 个组成部分都是表达式。最常见的是:表达式 1 与表达式 3 是赋值语句或函数调用,表达式 2 是关系表达。这 3 个组成部分中的任何部分都可以省略,但分号必须保留。

在循环体中不包含 continue 语句时,for 循环等价于 while 循环语句。

(3)do-while 循环语句的一般形式

```
表达式 1;
do
{
    复合语句 1;
    表达式 3;
}while(表达式 2);
```

while 循环和 for 循环都是在循环体之前对终止条件进行测试,与此相反,do-while 循环则在循环体执行之后测试终止条件,这样循环体至少执行一次。do-while 循环流程图如图 4-2 所示。

do-while 循环的执行过程,先执行复合语句 1(循环体),然后求表达式 2 的值。如果表达式的值为真,则再次执行循环体,依次类推,当表达式的值变为假,则循环终止。

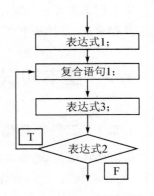

图 4-2 do-while 循环流程

4.2.2 三种循环的程序实例

分别用三种循环计算 sum=1+2+…+10 的程序基本结构。

(1)用 while 循环表示

```
int i,sum;
sum=0;
i=1;
```

```
    while(i<=n)
    {
        sum+=i;
        i++;
    }
```

（2）用 for 循环表示

```
    int i,sum;
    sum=0;
        for(i=1;i<=10;i++ )
    {
        sum+=i;
    }
```

（3）用 do-while 循环表示

```
    int i,sum;
    sum=1;
    i=1;
    do
    {
        sum+=i;
        i++;
    } while(i<=10);
```

4.2.3　循环嵌套

循环的嵌套是指在一个循环结构的复合语句 1 中,嵌入另一个循环结构。在应用过程中要注意的是,一般来说,在第二重循环中轻易不改变第一重循环的表达式 12 的值。

```
    表达式 11;
    while(表达式 12)
    {
        for(表达式 21;表达式 22;表达式 23)
        {
            复合语句 1;
        }
        复合语句 2
        表达式 13;
    }
```

4.3　典型案例及分析

4.3.1　计算 sum＝1＋2＋…＋n

（1）问题描述

输入一个整数 $n(1≤n<10000)$,计算 sum＝1＋2＋…＋n 的值。

输入样例：

100

输出样例：

5050

(2)问题分析

在本例中，要理解 sum＝sum＋i 的作用，即将 sum＋i 的和赋值给 sum。当 i＝1 时，sum＝sum＋i 相当于 sum＝sum＋1；当 i＝2 时，sum＝sum＋i 相当于 sum＝sum＋2；这样不断循环，直到 i＞10 为止。简单的算法分析如下：

E1　输入 n

E2　sum＝0

E3　构建一个 1 到 n 的循环，循环控制变量为 i

　　E3.1　sum＝sum＋i

　　E3.2　i＋＋

E4　输出 sum

(3)源程序

源程序如图 4-3 所示。

```
/*
程序名:ex3_4_1.c
功能:求 sum= 1+2+…+n 的值
*/
```

```
1   #include <stdio.h>
2
3   int main()
4   {
5       int sum=0;
6       int n,i;
7       printf("Input n:");
8       scanf("%d",&n);
9       i=1;
10      while(i<=n)
11      {
12          sum+=n;
13          i++;
14      }
15      printf("The sum is %d\n",sum);
16      return 0;
17  }
```

图 4-3　源程序

将程序输入到 VC++ 中，运行程序，输入 100，发现输出结果为 10000，程序运行错误。对程序进行调试，寻找错误的原因。

(4)程序调试

把光标置于第 9 行，按 F9 插入断点（或者点击工具栏上的 🖐 按钮）。请注意第 9 行的圆点，表示此处有一个断点，如图 4-4 所示。

```
1    #include <stdio.h>
2
3    int main()
4    {
5        int sum=0;
6        int n,i;
7        printf("Input n:");
8        scanf("%d",&n);
9    ●   i=1;
10       while(i<=n)
11       {
12           sum+=n;
13           i++;
14       }
15       printf("The sum is %d\n",sum);
16       return 0;
17   }
```

图 4 - 4　设置断点

按 F5 开始调试(或者点击工具栏上的 ⬇ 按钮),这时程序开始运行,因为源代码第 8 行中要求输入一个整数,所以程序的运行窗口等待输入一个整数,如图 4 - 5 所示。

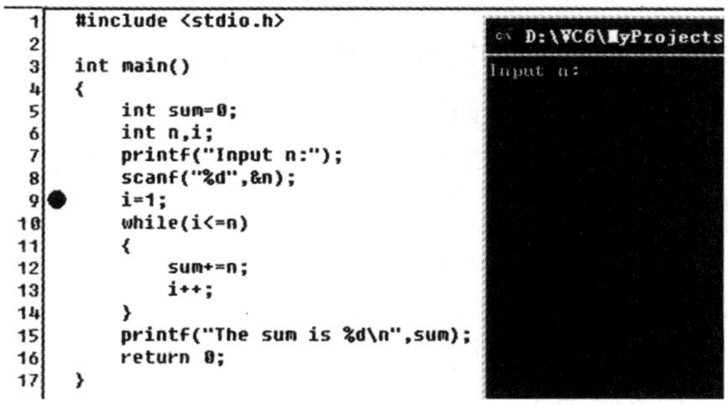

图 4 - 5　等待输入一个整数

输入 10 后按回车,程序运行到我们设置的断点第 9 行(请注意第 9 行的箭头,表示程序已经执行到该行但是该行尚未执行),如图 4 - 6 所示。

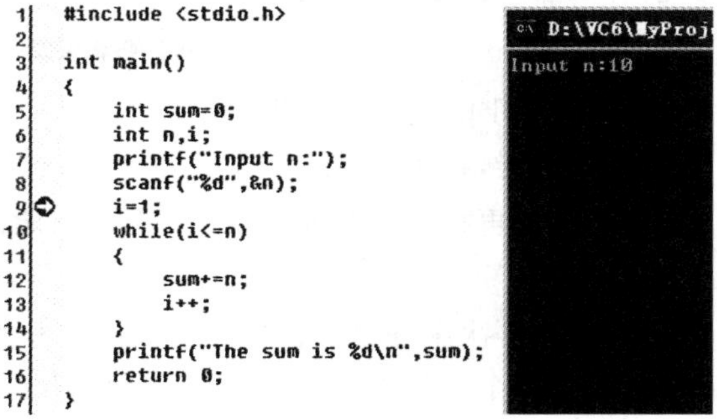

图 4 - 6　程序运行情况

用鼠标点击 Visual C++ 6.0 的窗口,在工作区下面的 watch 窗口添加变量 i,sum,n,此时可以看到这三个变量的值,如图 4 - 7 所示。

Name	Value
i	-858993460
n	10
sum	0

图 4 - 7　watch 窗口添加变量 i,sum,n

我们注意到 n 的值为 10,sum 的值为 0,而 i 的值是一个随机的数(读者调试的时候可能不是这个值)。

按 F10(或者点击工具栏上的 按钮)后让程序运行到下一行,此时 i 的值发生了变化,如图 4-8 所示。

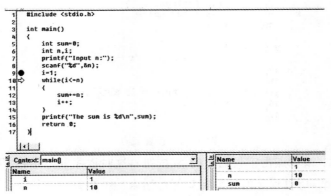

图 4-8   i 值发生变化

继续按 F10 让程序一行一行的运行,同时观察变量 i,sum 的变化情况。我们发现在程序运行到第 13 行时,sum 的结果不对,如图 4-9 所示。

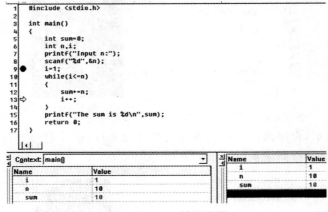

图 4-9   sum 结果出错

此时我们已经找出了程序的错误,在第12行,应该把sum＋＝n 修改为sum＋＝i。

按 Shift＋F5(按住 Shift 键不放再按 F5 键)或者点击 结束调试。结束调试后按前面调试找出的错误修改程序源代码。

修改完程序源代码以后请读者再次编译、设置断点并开始调试程序,单步跟踪程序的运行,并随着程序的运行观察程序中各个变量的变化情况。理解 while 循环是如何被执行,以及程序在什么情况下退出 while 循环。

4.3.2   求 n 个数的最大值

(1)问题描述

输入 n(n≥1),然后输入 n 个数,求这 n 个数的最大值。

输入样例：

5

23 56 64 12 32

输出样例：

64

（2）问题分析

如何求 n 个数的最大值，一般的算法是将第一个数设置为最大值 max，然后将第 2 个及以后的数逐个与 max 进行比较，如果该数比 max 还要大，则重新设置最大值 max。简单的算法如下：

E1 输入 n

E2 读入第 1 个数 x，max＝x

E3 构建 2 到 n 的循环

E3.1 读入 x

E3.2 如果 x＞max，则 max＝x

E4 输出 max

（3）源程序

```
/*
程序名:ex4_3_2.c
功能:求 n 个整数的最大值
*/
# include <stdio.h>
int main()
{
    int i,n,x;
    int max;
    scanf("%d",&n);
    scanf("%d",&x);
    max=x;
    for(i=2;i<=n;i++ )
    {
        scanf("%d",&x);
        if(x>max)
        {
            max=x;
        }
    }
    printf("%d\n",max);
    return 0;
}
```

（4）思考

如果将算法修改为：

E1　输入 n

E2　构建 1 到 n 的循环

　　E2.1　读入 x

　　E2.2　如果是第一个数，则 max＝x

　　　　　　否则　如果 x＞max，则 max＝x

E3　输出 max

请自行修改程序。

4.3.3　逆序输出整数的每一位数

(1)问题描述

输入每一个正整数 x，例如 13579，要求输出 9 7 5 3 1，每一位后有空格。

输入样例：

13579

输出样例：

9 7 5 3 1

(2)问题分析

对于一个不知道几位数的 x，输出个位数比较容易，个位数为 x%10，十位数为 x%100/10，百位数为 x%1000/100。

因此，对于一个不知道几位数的数可以这样去思考，先计算个位数 k＝x%10；个位数计算后，令 x＝x/10，去掉个位数，原先的十位数就变为个位数，可以用原先计算个位数的方法计算出十位数，k＝x%10；然后再令 x＝x/10，计算百位数等，一直到 x＝＝0 为止。基本算法为：

E1　输入 x

E2　k＝x%10，输出 k

E3　x＝x/10

E4　如果 x！＝0，则回到 E2

(3)源代码

```
/*
程序名:ex4_3_3.c
功能:逆序输出正整数的每一位数
说明:这段程序有错,当 x= 0时,不能输出结果,请修改
*/
# include <stdio.h>
int main()
{
    int k,x;
    scanf("%d",&x);
    while(x!=0)
    {
        k= x%10;
        printf("%d",k);
```

```
        x= x/10;
    }
    printf("\n");
    return 0;
}
```

（4）思考

①该程序有错，当 x＝0 时，要输出结果，程序应该如何修改？

②如何统计正整数的位数？

③如何顺序输出正整数的每一位？

4.3.4　计算 $s＝1＋x^1/1!＋x^2/2!＋\cdots＋x^n/n!$ 的和

（1）问题描述

输入 x 的值，计算 s 的值，一直到最后一项的值小于 10^{-8} 为止，最后结果保留小数点后8 位。

输入样例：

1

输出样例：

2.71828183

（2）问题分析

首先应该明确，该数列和，不知道要累加到多少项，只是当小于 10^{-8} 时就不需要累加。一般思路是设计一个无限循环，中间加入一个条件判断语句，如果其中某一项小于 10^{-8} 了，可以终止循环，程序框架为：

```
while(1)
{
    ...
        if（某一项小于 10⁻⁸）
        break;
    ...
}
```

其次，假设 $a_1＝x^1/1!$ 为第一项，则以后各项 $a_2＝a_1*x/2,a_3＝a_2*x/3,\cdots$，设计一个迭代方程 $a_n＝a_{n-1}*x/n$。其基本算法为：

　　E1　输入 x

　　E2　计算 a_1,n＝1

　　E3　构建无限循环

　　　　E3.1　如果 $a_1＜10^{-8}$,则 break

　　　　E3.2　$s＋＝a_1$,n＋＋,$a_2＝a_1*x/n$

　　　　E3.3　$a_1＝a_2$

　　E4　输出 s

（3）源代码

　　1　　　/*

```
2      程序名:ex4_3_4.c
3      功能:s= 1+x^1/1!+x^2/2!+…+x^n/n!
4      */
5      #include <stdio.h>
6      int main()
7      {
8          double s,x;
9          double a1,a2;
10         scanf("%lf",&x);
11         s=1;
12         int n;
13         n=1;
14         a1=x/n;
15         while(1)
16         {
17             if (a1<1E-8)
                  break;
18             s+=a1;
19             n++;
20             a2=a1*x/n;
21             a1=a2;
22         }
23         printf("%.8f\n",s);
24         return 0;
25     }
```

(4)思考

①修改程序,将无限循环修改为一般的循环。

②理解程序中是如何实现迭代的,对于一般数列,都可以用这种方法。

③程序能否更精炼一些?

4.3.5 测试数据多组的处理

(1)问题描述

对于测试数据多组的情况,根据具体情况而定。一是测试数据级数给定的情况,即将上题修改为"测试数据有 m 组,首先输入组数 m,然后输入 m 个 x"。

输入样例:

3

1

0.5

4

输出样例:

2.71828183

1.64872127

54.59815003

（2）问题分析

先解决测试数据仅有一组的情况，只要在上一题的基础上，加入一组数循环，将一组测试数据时的程序（上题 8～23 行的内容）作为另一循环的循环体即可。

```
int main()
{
    int m;
    scanf("%d",&m);
    int k;
    for(k=1;k<=m;k++ dorck=1;k<=m;k++ )
    {
        //一组测试数据的程序,上一题 8—23 行内容
    }
    return 0;
}
```

二是循环次数未知，直到文件结束。利用 scanf() 函数的返回值（如果至文件结束（同时按 Ctrl 和 Z 键），返回值为 EOF），设计一个循环，再将一组测试数据时的程序（8～23 行的内容）作为另一循环的循环体即可。程序框架为：

```
int main()
{
    double s,x;
    double a1,a2;
    while(scanf("%lf",&x)!=EOF)
    {
        //一组测试数据的程序,除了变量定义外
    }
    return 0;
}
```

（3）源代码

```
/*
程序名:ex4_3_4a.c
功能:s= 1+ x^1/1! + x^2/2! + …+ x^n/n!
* /
# include <stdio.h>
int main()
{
    int m;
    scanf("%d",&m);
    int k;
    for(k=1;k<=m;k++ )
    {
        double s,x;
```

```
        double a1,a2;
        scanf("%lf",&x);
        s=1;
        int n;
        n=1;
        a1=x/n;
        while(1)
        {
            if (a1<1E-8)
                break;
            s+=a1;
            n++;
            a2=a1*x/n;
            a1=a2;
        }
        printf("%.8f\n",s);
    }
    return 0;
}
```

4.3.6 打印阶梯

(1)问题描述

输入 n(n>0),输出 n 层阶梯,其中测试数据有多组,每个阶梯后有空行。

输入样例:

4

输出样例:

*
* * *
* * * * *
* * * * * * *

(2)问题分析

当 n=4 时,阶梯有 n 行,假设每行输出的个数相同(1 个 *),可以用一个循环来实现。

```
    for(i=1;i<=n;i++ )
    {
        printf("*");
        printf("\n");
    }
```

但对于每一行输出的 * 个数不相同的情况,可以将 printf(" * ")替换为一个循环,输出每行的 * 个数,第 1 行 1 个 * ,第 2 行 3 个 * ,第 n 行 2n-1 个 * 。

(3)源代码

```
    /*
    程序名:ex4_3_6.c
```

功能:输出阶梯

```c
*/
#include <stdio.h>
int main()
{
    int n;
    scanf("%d",&n);
    int i;
    for(i=1;i<=n;i++ )
    {
        int j;
        for(j=1;j<=2*i-1;j++ )
            printf("*");
        printf("\n");
    }
    return 0;
}
```

4.3.7 枚举法求方程的解

(1)问题描述

我国古代数学家在《算经》中出了一道题:"鸡翁一,值钱五;鸡母一,值钱三;鸡雏三,值钱一。百钱买百鸡,问鸡翁、母、雏各几何?"

输出要求:鸡翁、母、雏数目从小到大输出。

(2)问题分析

该问题实质是解方程的问题,设鸡翁为 x 只,母鸡 y 只,,雏鸡 z 只,可列出以下联立方程:

$$\begin{cases} x+y+z=100\cdots\cdots(1) \\ 5x+3y+\dfrac{z}{3}=100\cdots\cdots(2) \end{cases}$$

但这是仅有两个方程的三元一次方程,理论上有多个解,用一般的代数法解不了该方程。

现假设:

x=0,y=0,则 z=100−x−y,如果方程(2)成立,则输出 x,y,z。

x=0,y=1,则 z=100−x−y,如果方程(2)成立,则输出 x,y,z。

$$\vdots$$

x=0,y=33,则 z=100−x−y,如果方程(2)成立,则输出 x,y,z。

x=1,y=0,则 z=100−x−y,如果方程(2)成立,则输出 x,y,z。

x=1,y=1,则 z=100−x−y,如果方程(2)成立,则输出 x,y,z。

$$\vdots$$

x=1,y=33,则 z=100−x−y,如果方程(2)成立,则输出 x,y,z。

$$\vdots$$

x=20,y=33,则 z=100−x−y,如果方程(2)成立,则输出 x,y,z。

（3）源代码

```
/*
程序名:ex4_3_7.c
功能:百钱买百鸡
说明:本程序计算结果部分有错,请修改
*/
#include <stdio.h>
int main()
{
    int x,y,z;
    for(x=0;x<=20;x++ )
    {
        for(y=0;y<=33;y++ )
        {
            z=100-x-y;
            if (5*x+3*y+z/3==100&&z%3==0)
                printf("%d%d%d\n",x,y,z);
        }
    }
    return 0;
}
```

（4）思考

求方程 $x^2+y^2+z^2=2000$ 的整数解？

4.4 实验案例

4.4.1 求公式 $s=1+1/2+1/3+1/4+\cdots+1/n$ 的值

（1）问题描述

给定一个正整数 n,求以下公式的值:

　　$1+1/2+1/3+1/4+\cdots+1/n$。

（2）输入描述

输入只有一个正整数 n。

（3）输出描述

在单独的一行中输出公式的值,结果保留 3 位小数。

（4）输入样例

　　5

（5）输出样例

　　2.283

4.4.2　温度转换

(1)问题描述

已知华氏温度与摄氏温度转换公式 $C=(5/9)(F-32)$,其中 C 为摄氏温度,F 为华氏温度。请写一个程序给出华氏温度为 $0,20,40,\cdots,300$ 时对应的摄氏温度。

(2)输入描述

无输入。

(3)输出描述

总共 16 行,每行两个整数,第一个整数是华氏温度,第二个整数是与之对应的摄氏温度。两个整数之间用 4 个空格隔开,第二个整数后面没有空格。

(4)输入样例

无。

(5)输出样例

```
    0        -17
   20        -6
   40        4
   60        15
   80        26
  100        37
  120        48
  140        60
  160        71
  180        82
  200        93
  220        104
  240        115
  260        126
  280        137
  300        148
```

4.4.3　PI 的值

(1)问题描述

利用 PI$/2=(2/1)*(2/3)*(4/3)*(4/5)*(6/5)*(6/7)*\cdots$前 200 项之积,编程计算 PI 的值。

(2)输入描述

无输入。

(3)输出描述

在单独的一行中输出 PI 的值,保留 3 位小数。

(4)输入样例

无。

(5)输出样例

在单独的一行中输出 PI 的值。

4.4.4　求 12 以内 n 的阶乘

(1)问题描述

求 12 以内 n 的阶乘。

(2)输入描述

只有一行输入,整数 n(n≤12)。

(3)输出描述

在单独的一行中输出数值 n!。

(4)输入样例

    3

(5)输出样例

    6

4.4.5　求幂

(1)问题描述

输入任意实数 x 和正整数 n,计算 x 的 n 次幂。

(2)输入描述

输入只有一行,该行中包含 x 与 n,中间用空格分开。

(3)输出描述

在单独一行中输出 x^n 的值,结果保留 3 位小数。

(4)输入样例

    2 3

(5)输出样例

    8.000

4.4.6　阶乘输出

(1)问题描述

请输出如下所示的阶乘公式:

    3!＋4!＋5!＋6!＋7!。

这个公式表示从 3 到 7 的阶乘之和。现在给定两个整数 a 和 b(0＜a＜b),请输出 a 到 b 的阶乘之和。

(2)输入描述

输入为一行,由两个整数 a 和 b 构成,之间由一个空格分开,已经知道 0＜a＜b＜20。

(3)输出描述

输出 a 到 b 的阶乘之和,公式中间无任何空格,公式最后加一个换行符。

注意本题要求输出样例所示的公式,而不是计算公式的值。输入两个数 a 和 b,输出形如 a!＋…＋b! 的公式,两个数的阶乘之间有＋号,所以总共有 n 个数的时候,应该是 n－1 个加号。

处理方法有两种：

①第一个数之前没有＋号，其他数之前全部输出＋号。

②最后一个数后面没有＋号，其他数之后全部输出＋号。

（4）输入样例

  3 7

（5）输出样例

  3! + 4! + 5! + 6! + 7!

4.4.7　判定素数

（1）问题描述

素数是只能被 1 和自己整除的整数。例如 2,3,5 和 7 是素数,4,6,8,9 不是素数。给定一个正整数,判定该整数是否为素数。

（2）输入描述

第一行一个正整数 T,表示有 T 组测试数据。以下有 T 行,每行有一个正整数 a(a<10000)。

（3）输出描述

每组测试数据输出一行,如果输入的正整数是素数,输出 yes,否则输出 no。

（4）输入样例

  3

  2

  7

  9

（5）输出样例

  yes

  yes

  no

4.4.8　求 m 个数的平均值

（1）问题描述

确定用户输入的 m 个数的平均值。测试数据有多组。

（2）输入描述

先给出数据的组数 T,对于每组数据,输入有两行,第一行是用户要输入的数的个数 m,第二行是 m 个用空格隔开的 int 类型整数。

（3）输出描述

每组输入数据输出只有一行,为用户输入的 m 个数的平均数,用 double 类型表示,结果保留两位小数。

（4）输入样例

  2

  5

  2 3 7 5 3

  2

```
-1 -9
```

（5）输出样例

```
4.00
-5.00
```

4.4.9 自由落体

（1）问题描述

一个球从高为 x 的空中落下，每次落地后反跳回原高度的一半再落下，求它在第 n 次落地时总共经过的距离。

（2）输入描述

测试数据只有一行，该行由两个数组成。第一个数是实数，表示球初始的高度，第二个是正整数 n。

（3）输出描述

在单独的一行中输出球第 n 次落地时经过的总距离，结果保留 6 位小数。

（4）输入样例

```
100 10
```

（5）输出样例

```
299.609375
```

4.4.10 数值统计

（1）问题描述

统计给定的 n 个数中，负数、零和正数的个数。

（2）输入描述

输入数据有多组，每组占一行，每行的第一个数是整数 n（n＜100），表示需要统计的数值的个数，然后是 n 个实数；如果 n＝0，则表示输入结束，该行不作处理。

（3）输出描述

对于每组输入数据，输出一行 a，b 和 c，分别表示给定的数据中负数、零和正数的个数。

（4）输入样例

```
5 7 -4 -8 9 0
6 8 3 -3 0 9 0
6 0 0 0 0 0 0
1 8
2 8 0
0
```

（5）输出样例

```
2 1 2
1 2 3
0 6 0
0 0 1
0 1 1
```

4.4.11　顺序输出整数的各位数字

（1）问题描述

输入 n 个正整数，按顺序输出这些正整数的各位数。

（2）输入描述

第一行为正整数的个数 n，以下为 n 个正整数。

（3）输出描述

每个数字后有一空格。

（4）输入样例

```
3
1256
0
1545
```

（5）输出样例

```
1 2 5 6
0
1 5 4 5
```

4.4.12　水仙花数

（1）问题描述

春天是鲜花的季节，水仙花就是其中最迷人的代表，数学上有个水仙花数，"水仙花数"是指一个三位数，它的各位数字的立方和等于其本身，比如：$153=1^3+5^3+3^3$。现在要求输出所有在 m 和 n 范围内的水仙花数。

提示：本题是循环组数未知的循环，直到文件结束为止，可用 scanf() 返回值控制循环。

```
while((scanf("%d%d",&m,&n)!=EOF)
{

}
```

（2）输入描述

输入数据有多组，每组占一行，包括两个整数 m 和 n（$100 \leqslant m \leqslant n \leqslant 999$）。

（3）输出描述

对于每个测试实例，要求输出所有在给定范围内的水仙花数，就是说，输出的水仙花数必须大于等于 m，并且小于等于 n，如果有多个，则要求从小到大排列在一行内输出，之间用一个空格隔开；

如果给定的范围内不存在水仙花数，则输出 no；

每个测试实例的输出占一行。

（4）输入样例

```
100 120
300 380
```

（5）输出样例

```
no
```

370 371

4.4.13　求 a＋aa＋aaa＋…＋aa…a 之和

（1）问题描述

求 S_n＝a＋aa＋aaa＋…＋aa…a 之和,其中 a 是一个数字,n 表示 a 的位数,例如:2＋22＋222＋2222＋22222(此时 n＝5)。

（2）输入描述

第一行是一个正整数 m,表示测试数据的个数。下面是 m 对测试数据,第一个数据是 a 的值,第二个数据是 n 的值,其中 $0 \leqslant n \leqslant 9$,数据之间用一个空格隔开。

（3）输出描述

对每个测试数据,输出一行。每一行形式如下:

a＋aa＋aaa＋…＝24690

注意,a＋aa＋aaa＋…中的 a 无需换成 a 的值。后面的省略号直接输出。

（4）输入样例

　　2

　　2 5

　　3 6

（5）输出样例

　　a＋aa＋aaa＋…＝24690

　　a＋aa＋aaa＋…＝370368

4.4.14　最大公约数与最小公倍数

（1）问题描述

分别求两个整数的最大公约数和最小公倍数。

（2）输入描述

第一行是一个正整数 n,表示测试数据的组数。下面是 n 对测试数据,每组测试数据用一个空格隔开。

（3）输出描述

对于每对整数,输出其最大公约数和最小公倍数。

（4）输入样例

　　1

　　24 72

（5）输出样例

　　24 72

4.4.15　Fibonacci 数列

（1）问题描述

1202 年,意大利数学家 Fibonacci 出版了他的《算盘全书》。他在书中提出了一个关于兔子繁殖的问题:

如果一对兔子每月能生一对小兔(一雄一雌),而每对小兔在他出生后的第三个月里,又能开始生一对小兔,假定在不发生死亡的情况下,由一对出生的小兔开始,50 个月后会有多少对兔子?

我们可以总结出 Fibonacci 数列的定义如下:

$f(0)=0,$

$f(1)=1,$

$f(n)=f(n-1)+f(n-2)。$

写一个程序输出 f(n) 的值（$0 \leqslant n \leqslant 46$）。

（2）输入描述

有多组测试数据,每组测试数据为单独一行,这一行中只有一个整数 n（$0 \leqslant n \leqslant 46$）,如果输入是 -1,表示输入结束。-1 不用处理。

（3）输出描述

对每组测试数据,在单独的一行中输出 f(n)。

（4）输入样例

```
3
4
5
- 1
```

（5）输出样例

```
2
3
5
```

4.4.16　非线性方程求根

（1）问题描述

已知 $F(x) = \cos(x) - x$, x 的初始值为 3.14159/4,用牛顿法求解方程 $F(x) = 0$ 的近似解,也就是求 x 的值,结果保留小数点 6 位。F(x) 的牛顿法公式为:

$$x_{n+1} = x_n + (\cos x_n - x_n)/(\sin x_n + 1)。$$

（2）输入描述

无。

（3）输出描述

方程的解。

（4）输入样例

无。

（5）输出样例

无。

4.4.17　输出 9 * 9 乘法表

（1）问题描述

输出 9 * 9 乘法表。乘法表总共有 9 行,每行 9 个公式。每个公式的格式如下:

i * j = k,其中 i 从 1 到 9,j 也是从 1 到 9。k 为 i * j 的值。i 与 j 之间只有一个 * ,没有任

何空格,不管 k 的值为多少位整数,k 占用 3 位(用%-3d 格式输出),左对齐。

(2)输入描述

无输入。

(3)输出描述

第一行输出如下:

1*1= 1 1*2= 2 1*3= 3 1*4= 4 1*5= 5 1*6= 6 1*7= 7 1*8= 8 1*9= 9

(4)输入样例

无。

(5)输出样例

1*1= 1 1*2= 2 1*3= 3 1*4= 4 1*5= 5 1*6= 6 1*7= 7 1*8= 8 1*9= 9
2*1= 2 2*2= 4 2*3= 6 2*4= 8 2*5= 10 2*6= 12 2*7= 14 2*8= 16 2*9= 18

4.4.18 设计菱形

(1)问题描述

编写一个程序,打印一个菱形(如样例输出所示)。要求输出的语句要么打印一个星号(＊),要么打印一个减号(－)。

(2)输入描述

输入只有一个 1～19 范围内的奇数 n。

(3)输出描述

打印一个菱形,菱形行数为 n。

(4)输入样例

      9

(5)输出样例

```
- - - - * - - - -
- - - * * * - - -
- - * * * * * - -
- * * * * * * * -
* * * * * * * * *
- * * * * * * * -
- - * * * * * - -
- - - * * * - - -
- - - - * - - - -
```

4.4.19 空心三角形

(1)问题描述

把一个字符三角形掏空,能节省材料成本,减轻重量,但关键是为了追求另一种视觉效果。在设计的过程中,需要给出各种花纹的材料和大小尺寸的三角形样板,通过电脑临时做出来,以便看看效果。

注意 n＝1 的情况。

（2）输入描述

每行包含一个字符和一个整数 $n(0<n<41)$，不同的字符表示不同的花纹，整数 n 表示等腰三角形的高。显然其底边长为 $2n-1$。如果遇到@字符，则表示所做出来的样板三角形已经够了。

（3）输出描述

每个样板三角形之后有一个空行。显然行末没有多余的空格。

（4）输入样例

```
X 2
A 7
@
```

（5）输出样例

```
 X
XXX

      A
     A A
    A   A
   A     A
  A       A
 A         A
AAAAAAAAAAAAA
```

4.4.20　加密

（1）问题描述

给定若干行文本，把这行文本加密后输出。这里的加密算法非常简单：小写字母 a，b，c，…，z 转化为 1，2，3，…，26 后输出。大写字母 A，B，C，…，Z 转化为 27，28，29，…，52 后输出，其他所有的字符保持不变。

（2）输入描述

输入有若干行，处理到文本结尾。

（3）输出描述

把输入的文本加密后输出。

（4）输入样例

```
Hello,
Welcome to c!
```

（5）输出样例

```
345121215,
49512315135 2015 3!
```

第5章

函 数

5.1 实验目的

通过本章实验,要求:

①掌握 C 语言函数的定义;

②掌握 C 语言函数的参数传递规则;

③掌握 C 语言的程序结构;

④理解递归函数的实质及初步应用;

⑤了解变量的生命周期和存储类型。

5.2 基本知识

5.2.1 结构化程序设计

在结构化程序设计过程中,常采用"自顶向下(top-down)和自底向上(down-top)"的设计方法。"自顶向下"就是任务分解,对于一个复杂问题,不可能一开始就能明确任务的全部细节,只能对问题的全局作出决策,将问题分解为若干个小问题,然后再对小问题进行分解,直到能用较简单、功能相对独立的模块(C 语言中的函数)表达为止。"自底向上"就是在设计过程中,根据分解的任务,从底层(最小的任务,即 C 语言的函数)开始设计,逐步综合。

结构化程序设计的步骤有[1]:

①对实际问题进行全局性的分析、决策,确定数学模型;

②确定程序的总体结构,将整个问题分解为若干个相对独立的子问题;

③确定子问题的具体功能及其相互关系;

④在抽象的基础上将各个子问题逐一细化,直到能用高级语言描述为止。

5.2.2　C 语言函数结构

（1）函数的定义

C 语言的函数必须先定义，后使用。C 语言的函数包括函数返回值类型、函数名称、参数及函数体。

```
返回值数据类型　函数名(参数列表)
{
    //函数体;
    return 返回值;
}
```

（2）函数设计的原则

一是根据结构化程序设计的原则，函数之间的耦合性小，也就是各函数之间的关联性小。二是函数体内尽量不包含输入、输出，一般将输入作为函数的形参，输出作为 return 的内容返回给调用函数。试比较下列两个判断是否为素数的函数的优缺点。

```
int Prime(int x)
{
    if(x<=1)return 0;  //非素数
    int i;
    for(i=2;i<x;i++ )
        if(x%i==0) return 0;  //非素数
    return 1;  //素数
}


int Prime(int x)
{
    scanf("%d",&x);
    if(x<=1)
    {
        printf("非素数");return 0;  //非素数
    }
    int i;
    for(i=2;i<x;i++ )
    {
        if(x%i==0)
        {
            printf("非素数");
            return 0;  //非素数
        }
    }
    printf("素数");
    return 1;  //素数
}
```

5.2.3 函数的参数传递规则

C语言函数调用时,实参将数值传递给形式参数(形参)。也可以这样理解,调用时将实参的拷贝传递给形参,因此在函数中,当形参的值被改变后,实参变量值不随着改变。阅读下列程序的结果,理解函数的参数规则。

```
1    #include <stdio.h>
2    void Swap(int x,int y)
3    {
4        printf("x=%d,y=%d\n",x,y);
5        x=30;y=100;
6        printf("x=%d,y=%d\n",x,y);
7    }
8    int main()
9    {
10       int a,b;
11       a=10;b=20;
12       printf("a=%d,b=%d\n",a,b);
13       Swap(a,b);
14       printf("x=%d,y=%d\n",a,b);
15       return 0;
16   }
```

程序运行结果:
a=10,b=20
x=10,y=20
x=30,y=100
x=10,y=20

5.2.4 C语言的递归函数

递归函数就是函数自己调用自己,如求 n! 的函数,可以用一般函数的形式来编写。

```
double Fact(int n)
{
    double f;
    int i;
    for(i=1;i<=n;i++)
        f= f*i;
    return f;
}
```

利用递归函数计算 n!,修改函数的定义:

$$f(n) = \begin{cases} 1 & (n=0,1), \\ n*f(n-1) & (n>1)。 \end{cases}$$

假如要计算 5! 的值,先须计算 4! 的值,因为 5! ＝5 * 4!。同样,计算 4! 的值,先须计算 3! 的值,因为 4! ＝4 * 3!。依此类推,欲计算 5! 的值,最先应计算 1! 的值,然后依次返回,如图 5-1 所示。

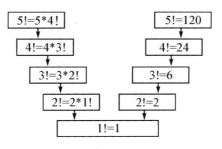

图 5-1　5! 递归计算

递归函数的形式:

```
double Fact(int n)
{
    if (1==n||0==n)
        return 1;
    return n*Fact(n-1);
}
```

5.3　典型案例及分析

5.3.1　输出素数

(1)问题描述

判断下列数是否为素数。素数是只能被 1 和自己整除的整数。例如 2,3,5 和 7 是素数,4,6,8,9 不是素数。编写一个函数,确定一个数是否为素数。

测试数据有多组,第一个数为测试数据的组数,接着被测试的数据。若该数为素数,则输出 1,否则输出 0。

输入样例:

3

2

7

9

输出样例:

1

1

0

(2)问题分析

①判断素数的函数。根据素数的定义,判断 x 是否为素数。函数的结构为:

```
int Prime(int x)
{
    如果是素数,则 return 1;
```

　　　　如果是非素数,则 return 0;
　　}
　E1　　如果 x 小于 1,则为非素数
　E2　　构建 i=2—x—1 的循环
　　　　E2.1 如果 x 能被循环中的任意一个数整除,则为非素数,退出函数
　E3　　x 为素数

②分析
　E1　　输入组数 n
　E2　　组数循环
　　　　E2.1　　输入 x
　　　　E2.2　　if(Prime(x)==1)　即 x 为素数,输出 1;否则为非素数,输出 0

(3)源程序

```
/*
程序名:ex5_3_1.c
功能:判断 n 个整数是否为素数
*/
/* Prime 函数
功能:判断是否为素数
参数:整数 x
返回值:1 为素数,0 为非素数
*/
#include <stdio.h>
int Prime(int x)
{
    int i;
    if(x<=1)return 0;   //非素数
    for(i=2;i<x-1;i++)
        if(0==x%i)return 0;   //非素数
    return 1;   //素数
}
int main()
{
    int i,n;
    int x;
    scanf("%d",&n);
    for(i=1;i<=n;i++)
    {
        scanf("%d",&x);
        if(Prime(x)==1)printf("1\n");
        else printf("0\n");
    }
    return 0;
```

　　}

（4）思考

在函数设计中，一般不含输入、输出，可以将形参视为输出，返回值视为输出。

5.3.2 求阶乘的和（递归）

（1）问题描述

输入 n，求前 n(1 < n <20)个整数的阶乘的和（即求 s＝1！＋2！＋3！＋…＋n！）。要求编写求 n！的递归函数。

输入样例：

5

输出样例：

153

（2）问题分析

①求 n！的递归函数。见 5.2.3 节内容。

②分析

　　E1　输入 n

　　E2　构建 i＝1—n 的循环

　　　　E2.1　s＝s＋Fact(i)

　　E3　输出 s

（3）源程序

```
/*
程序名:ex5_3_2.c
功能:计算 s=1!+2!+3!+…+n!
*/
# include <stdio.h>
/* Fact 函数
功能:计算 n!
参数:正整数 n
返回值:n!
* /
double Fact(int n)
{
    if (1==n||0==n)
        return 1;
    return n*Fact(n-1);
}
int main()
{
    int n;
    int i;
    double s;
```

```
scanf("%d",&n);
for(i=1;i<=n;i++ )
        s= s+Fact(i);
printf("%.0f\n",s);
return 0;
}
```

5.4 实验案例

5.4.1 亲和数

(1)问题描述

古希腊数学家毕达哥拉斯在自然数研究中发现,220 的所有真约数(即不是自身的约数)之和为:$1+2+4+5+10+11+20+22+44+55+110=284$。

而 284 的所有真约数为 $1,2,4,71,142$,加起来恰好为 220。人们对这样的数感到很惊奇,并称之为亲和数。一般地讲,如果两个数中任何一个数都是另一个数的真约数之和,则这两个数就是亲和数。

你的任务就是编写一个程序,判断给定的两个数是否为亲和数。

(2)输入描述

输入数据第一行包含一个数 M,接下来有 M 行,每行一个实例,包含两个整数 A,B;其中 $0 \leqslant A,B \leqslant 600000$。

(3)输出描述

对于每个测试实例,如果 A 和 B 是亲和数的话输出 YES,否则输出 NO。

(4)输入样例
```
2
220 284
100 200
```

(5)输出样例
```
YES
NO
```

5.4.2 完   数

(1)问题描述

一个数如果恰好等于它的因子之和,这个数就称为"完数"。例如,6 的因子为 $1,2,3$,而 $6=1+2+3$,因此 6 是"完数"。编程序打印出 1000 之内(包括 1000)所有的完数,并按如下格式输出其所有因子:

```
6 its factors are 1 2 3
```

(2)输入描述

无。

(3)输出描述

输出 1000 以内所有的完数及其因子,每行一个完数,每个因子后面有一个空格。

(4)输入样例

无输入。

(5)输出样例

按要求输出。

5.4.3　同构数

(1)问题描述

找出 1 至 99 之间的全部同构数。注:正整数 n 若是它平方数的尾部,则称 n 为同构数。例如,6 是其平方数 36 的尾部,25 是其平方数 625 的尾部,6 与 25 都是同构数。

(2)输入描述

无。

(3)输出描述

输出全部同构数,每个数后面输出一个空格。

(4)输入样例

无。

(5)输出样例

1 5 6 ...

5.4.4　第几天

(1)问题描述

给定一个日期,输出这个日期是该年的第几天。

(2)输入描述

输入数据有多组,每组占一行,数据格式为 YYYY/MM/DD 组成,YYYY 是 4 位的年份,MM 是 2 位或者 1 位的月份,DD 是 2 位或者 1 位的日期。可以向你确保所有的输入数据是合法的。

(3)输出描述

对于每组输入数据,输出一行,表示该日期是该年的第几天。

(4)输入样例

    1985/1/20
    2006/3/12

(5)输出样例

    20
    71

5.4.5　分拆素数和

(1)问题描述

把一个偶数拆成两个不同素数的和,有几种拆法呢?

（2）输入描述

输入包含一些正的偶数,其值不会超过 2000,个数不会超过 50,若遇 0,则结束。

（3）输出描述

对应每个偶数,输出其拆成不同素数的个数,每个结果占一行。

（4）输入样例

    30

    26

    0

（5）输出样例

    3

    2

5.4.6　自整除数

（1）问题描述

对一个整数 n,如果其各个位数的数字相加得到的数 m 能整除 n,则称 n 为自整除数。如 21,21％(2＋1)＝＝0,所以 21 是自整除数。现求出从 10 到 n(n＜100)之间的所有自整除数。

．（2）输入描述

输入只有单独一行的一个整数 n(10≤n＜100)。

（3）输出描述

输出有多行。按从小到大的顺序输出所有大于等于 10,小于等于 n 的自整除数,每行一个自整除数。

（4）输入样例

    47

（5）输出样例

    10

    12

    18

    20

    21

    24

    27

    30

    36

    40

    42

    45

5.4.7　与 7 无关的数

（1）问题描述

一个正整数,如果它能被 7 整除,或者它的十进制表示法中某位数上的数字为 7,则称其为与 7 相关的数。现求所有小于等于 n(n<100)的与 7 无关的正整数的平方和。

（2）输入描述

输入为一行，正整数 n(n<100)。

（3）输出描述

输出小于等于 n 的与 7 无关的正整数的平方和。

（4）输入样例

  21

（5）输出样例

  2336

5.4.8　直角三角形

（1）问题描述

三条边的边长均为整数的直角三角形称为整数直角三角形。给定一个整数 n，求斜边的边长不超过 n 的所有整数直角三角形的个数。

（2）输入描述

输入有多行。第一行是一个整数 T，表示有 T 个测试数据。接下来的 T 行，每行有一个正整数 n。

（3）输出描述

每个测试数据的输出有两行，第一行先输出测试数据的编号，格式如 case♯i，其中 i 为测试数据编号。

第二行是一个整数，表示对应的整数直角三角形的个数。

（4）输入样例

  4

  5

  10

  20

  30

（5）输出样例

  case♯1

  1

  case♯2

  2

  case♯3

  6

  case♯4

  11

5.4.9　销售员

（1）问题描述

现在的销售员的收入（工资）一般包括两部分，第一部分是基本工资，第二部分是销售提

成。某销售员的基本工资是 1000 人民币,当月销售业绩 x 与销售员的提成比率为:

$$f(x) = \begin{cases} 5\% & (x \leqslant 1000), \\ 7.5\% & (10000 < x \leqslant 50000), \\ 8.5\% & (50000 < x \leqslant 200000), \\ 10\% & (x > 200000)。 \end{cases}$$

要求:写一个函数计算销售员的销售提成。

(2)输入描述

输入第一行是一个整数 n,表示有 n 个测试数据。接下来有 n 行,每行一个正实数,表示销售员某个月的销售业绩。

(3)输出描述

对于每个测试数据,在单独的一行中输出销售员当月的收入,结果保留 3 位小数。

(4)输入样例

    2
    10000
    50000

(5)输出样例

    1500.000
    4750.000

5.4.10　不要 62

(1)问题描述

确定区间内不含 4 和 62 的数字的和。

(2)输入描述

输入整数对 m,n,如果 m=0 且 n=0,则输入结束。

(3)输出描述

对于每个整数对,输出不含 4 和 62 的数字的总数,该数值占一行位置。

(4)输入样例

    1 100
    0 0

(5)输出样例

    80

5.4.11　Sky 数

(1)问题描述

Sky 从小就喜欢奇特的东西,而且天生对数字特别敏感。一次偶然的机会,他发现了一个有趣的四位数 2992,这个数,它的十进制数表示,其四位数字之和为 2+9+9+2=22,它的十六进制数 BB0,其四位数字之和也为 22,同时它的十二进制数表示 1894,其四位数字之和也为 22,啊哈,真是巧啊。Sky 非常喜欢这种四位数,由于是他发现的,所以这里我们命名其为 Sky 数。但是要判断这样的数还是有点麻烦,那么现在请你帮忙来判断任何一个十进制的四位数,是不是 Sky 数吧。

（2）输入描述

输入一些四位正整数，如果为 0，则输入结束。

（3）输出描述

若 n 为 Sky 数，则输出"♯n is a Sky Number."，否则输出"♯n is not a Sky Number."。每个结果占一行。注意：♯n 表示所读入的 n 值。

（4）输入样例

```
2992
1234
0
```

（5）输出样例

```
2992 is a Sky Number.
1234 is not a Sky Number.
```

5.4.12　反素数

（1）问题描述

反素数就是满足对于任意 i(0<i<x)，都有 g(i)<g(x)[g(x) 是 x 的因子个数]，则 x 为一个反素数。现在给你一个整数区间 [a,b]，请你求出该区间的 x 使 g(x) 最大。如果有多个 x，则输出满足条件的最小的 x。

（2）输入描述

第一行输入 n，接下来 n 行测试数据输入包括 a,b(1≤a≤b≤5000)，表示闭区间 [a,b]。

（3）输出描述

输出为一个整数，为该区间因子最多的数，如果满足条件有多个，则输出其中最小的数。

（4）输入样例

```
3
2 3
1 10
47 359
```

（5）输出样例

```
2
6
240
```

5.4.13　计算数列的和

（1）问题描述

输入 n，计算下列数列的和。

$$s = 1 + \frac{1}{1+2} + \frac{1}{1+2+3} + \cdots + \frac{1}{1+2+\cdots+n}$$

要求编写 s=1+2+⋯+n 的函数。

（2）输入描述

输入只有一个整数 n(1≤n≤20)。

（3）输出描述

在单独的一行中输出公式 s 的值，保留 3 位小数。

（4）输入样例

```
5
```

（5）输出样例

```
1.667
```

5.4.14　计算函数的值

（1）问题描述

编写一个递归函数（或非递归函数），计算如下定义的函数 f：

①当 x 为负数时，$f(x,y)=x+y$；

②当 x 为非负数时，$f(x,y)=f(x-1,x+y)+x/y$。

其中，x（x 不大于 1000），y 都是实数。

（2）输入描述

输入数据有多组，每组占一行，由两个实数 x，y 组成。

（3）输出描述

对于每组输入数据，输出一行，结果保留两位小数。

（4）输入样例

```
0 3.14
1 1
-15.7857
```

（5）输出样例

```
2.14
2.00
4.79
```

5.4.15　母牛的故事

（1）问题描述

有一头母牛，它每年年初生一头小母牛。每头小母牛从第四个年头开始，每年年初也生一头小母牛。请编程实现在第 n 年的时候，共有多少头母牛？

（2）输入描述

输入数据由多个测试实例组成，每个测试实例占一行，包括一个整数 n（$0<n<25$），n 的含义如题目中描述。$n=0$ 表示输入数据的结束，不作处理。

（3）输出描述

对于每个测试实例，输出在第 n 年的时候母牛的数量。每个输出占一行。

（4）输入样例

```
2
4
5
0
```

（5）输出样例

    2

    4

    6

5.4.16 最大公约数与最小公倍数

（1）问题描述

分别求两个整数的最大公约数和最小公倍数。要求用全局变量。

（2）输入描述

第一行是一个正整数 n，表示测试数据的组数。下面是 n 对测试数据，每组测试数据用一个空格隔开。

（3）输出描述

对于每对整数，输出其最大公约数和最小公倍数。

（4）输入样例

    1

    24 72

（5）输出样例

    24 72

第6章

数　组

6.1　实验目的

通过本章实验,要求:

①掌握数组的定义和引用;

②掌握一维数组的排序算法及编程;

③掌握数组元素的插入、查找和删除的算法及编程;

④掌握数组名作为函数参数的传递规则;

⑤掌握字符串的基本操作函数及编程。

6.2　基本知识

6.2.1　一维数组的定义和引用

(1)一维数组的定义

一维数组定义的基本格式是:

数组类型　　数组名称[常量或常量表达式];

如 int a[10];即定义了 10 个整型元素的数组 a,a 为数组名,为一常量,是数组的首地址,数组元素从 a[0]至 a[9]。

(2)一维数组的引用

一维数组的元素实质上是一变量,对于一维数组的引用通过下标来实现。如输出数组 a 中的 10 个元素,每个元素后有一空格。

```
int n,a[100];
n=10;
```

```
for(i=0;i<n;i++ )
        printf("%d",a[i]);
```

6.2.2　二维数组的定义和引用

（1）二维数组的定义

二维数组定义的基本格式是：

数组类型　数组名[常量或常量表达式][常量或常量表达式]；

如 int [2][3]；即定义了一个 2 行 3 列的数组 a，其元素和存储顺序为：

　　a[0][0],a[0][1],a[0][2]

　　a[1][0],a[1][1],a[1][2]

　　a[2][0],a[2][1],a[2][2]

a 为数组名，是二维数组的首地址。

（2）二维数组的引用

二维数组的元素实质也是一变量，可以通过行下标和列不标来引用。如按行输出数组 a 中的所有元素，每个元素后有一空格。

```
for(i=0;i<3;i++ )
{
    for(j=0;j<3;j++ )
            printf("%d",a[i][j]);
    printf("\n");
}
```

6.2.3　字符串

字符数组实质是数组中的每个元素都是字符的数组，而字符串则是在字符数组的最后增加了一个元素'\0'，这样字符串的处理更为方便，不需要知道字符串的长度，同样可以处理字符串。如遍历字符串的所有元素。

```
i=0;
while(s[i]! ='\0')
{
    putchar(s[i]);
    i++;
}
```

6.2.4　字符串操作函数

C 语言提供了很多的字符串操作函数（见表 6－1），可参看 C 语言集成环境中的帮助文件。在使用时，应包括头文件 string.h。

表 6-1　C 语言的字符串操作函数

序号	函数原型	功　　能
1	char *strcpy(char *s, const char *t)	将字符串 t(包括'\0')复制到字符串 s 中,并返回 s
2	char *strncpy(char *s, char *t, size_t n)	将字符串 t 中最多 n 个字符复制到字符串 s 中,并返回 s。如果 t 中少于 n 个字符,则用'\0'填充
3	char *strcat(char *s, const char *t)	将字符串 t 连接到 s 的尾部,并返回 s
4	char *strncat(char *s, char *t, size_t n)	将字符串 t 最多前 n 个字符连接到字符串 s 的尾部,并以'\0'结束;该函数返回 s
5	size_t strlen(co nst char *s)	返回字符串 s 的长度
6	int strcmp(char *s, const char *t)	比较字符串 s 和 t,当 s<t 时,返回一个负数;当 s=t 时,返回 0;当 s>t 时,返回正数
7	int strncmp(char *s, const char *t, int n)	与 strcmp 相同,但只在前 n 个字符中比较
8	char *strchr(const char *s, int c)	返回指向字符 c 在字符串 s 中第一次出现的位置的指针;如果 s 中不包含 c,则该函数返回 NULL
9	char *strrchr(const char *s, char c)	返回指向字符 c 在字符串 s 中最后一次出现的位置的指针;如果 s 中不包含 c,则该函数返回 NULL
10	char *strstr(const char *s, const char *t)	返回一个指针,它指向字符串 t 第一次出现在字符串 s 中的位置;如果 s 中不包含 t,则返回 NULL

6.2.5　数组名作为函数的参数

当数组元素作为函数的参数时,其规则与普通变量作为函数的参数规则一样,即在函数中改变了形参的值,对实参没有任何影响。

但当数组名称作为函数的参数时,改变了数组元素的值,相应的实参数组的元素值作相应的变化,其原因可详见下一章指针作为函数的参数的解释。如输入一维整型数组的数组元素,在 main 函数中实现如下:

```
for(i=0;i<10;i++ )
    scanf("%d",&a[i]);
```

用数组名作为函数的参数,可以改写为:

```
void InputArray(int a[],int n)
{
    for(i=0;i<10;i++ )
            scanf("%d",&a[i]);
}
```

在 main 函数中只要用 InputArray(a,10),即可实现一维整型数组的 10 个元素。

用数组名作为函数的参数时,在形参中改变了数组元素的值,实参的数组元素的值作相应的变化。更深入一步解释见下一章指针。

6.3　典型案例及分析

6.3.1　求一维数组的最大值并与第 1 个元素交换

(1)问题描述

在一个 n(1≤n≤100)个元素的一维整型数组中找出最大值及下标,并将最大值与第一个元素交换后输出。

输入样例:

5

3 6 9 23 1

输出样例:

3 23

23 6 9 3 1

(2)问题分析

问题分为两步,首先在一维数组范围内找出最大值的下标 k,最大值为 a[k],二是 a[k] 与 a[0]交换。

E1　输入元素个数 n

E2　输入一维数组的元素(参考§6.2.1 一维数组元素的引用)

E3　在下标 0 到 n−1 范围内找最大值的下标 k

　　E3.1　假设第 0 个元素为最大值,k=0

　　E3.2　下标 i 循环 1 到 n−1

　　　　　E3.2.1　如果 a[i]>a[k],则 k=i

　　E3.3　输出 k 及 a[k]

E4　输出 k 及 a[k]

E5　将第 0 个元素与第 k 个元素交换

E6　输出数组元素(参考§6.2.1 一维数组元素的引用)

(3)源程序

```
1    /*
2    程序名:ex6_3_1.c
3    程序功能:求一维数组的最大值,并与第 0 个元素交换
4    */
5    #include <stdio.h>
6    int main()
7    {
8    int a[101];
9    int n,i,k;
10    scanf("%d",&n);
11    for(i=0;i<n;i++)
```

```
12          scanf("%d",&a[i]);
13      k=0;
14      for(i=k+1;i<n;i++ )
15      {
16          if (a[k]<a[i]) k=i;
17      }
18      printf("%d %d\n",k,a[k]);
19      int temp;
20      temp=a[0],a[0]=a[k],a[k]=temp;
21      for(i=0;i<n;i++ )
22          printf("%d",a[i]);
23      printf("\n");
24      return 0;
25      }
```

（4）思考

①结构化程序设计：上述程序设计中,没有充分体现函数设计。实质上 E2（输入一维数组的元素,第 11～12 行）、E3（在下标 0 到 n－1 范围内找最大值的下标 k,第 13～17 行）、和 E6（输出数组元素,第 21～23 行）都可以改写成函数的形式,这样程序会更简洁,更能体现结构化程序设计的风格。程序改写如下：

```
void InputArray(int a[],int);
int FindMax(int a[],int ,int);
void PrintArray(int a[],int n);
/*
程序名:ex6_3_1.c
程序功能:求一维数组的最大值,并与第 0 个元素交换
*/
#include <stdio.h>
int main()
{
    int a[101];
    int n,i,k;
    int x;
    scanf("%d",&n);
    InputArray(a,n);    // 输入一维数组的 n 个元素
    k=FindMax(a,0,n-1);    //从下标 0 到 n- 1 范围内找最大值的下标
    printf("%d%d\n",k,a[k]);
    int temp;
    temp=a[0],a[0]=a[k],a[k]=temp;
    PrintArray(a,n);    //输出数组元素
    return 0;
}
```

```
/*
函数名:InputArray(int a[],int n)
功能:输入一维数组的 n 个元素
返回值:无
*/
void InputArray(int a[],int n)
{
    int i;
    for(i=0;i<n;i++ )
            scanf("%d",&a[i]);
}
/*
函数名:PrintArray(int a[],int n)
功能:输出一维数组的 n 个元素
返回值:无
*/
void PrintArray(int a[],int n)
{
    int i;
    for(i=0;i<n;i++ )
            printf("%d",a[i]);
    printf("\n");
}
/*
函数名:int FindMAx(int a[],int m, int n)
功能:从下标 m 到 n 范围内找最大值的下标
返回值:下标从 m 到 n 范围内数组 a 的最大值的下标
*/
int FindMax(int a[],int m,int n)
{
    int index,i;
    index=m;
    for(i=m;i<=n;i++ )
        if (a[index]<a[i])
                index=i;
    return index;
}
```

　　②选择法排序:通过上述例子,可以看出数组的第 0 个元素已经排好序,下一步从第 1 个元素到第 n−1 个元素之间找出最大值的下标,并与第 1 个元素交换,这样第 1 个元素也可以排序,经过 n−1 次排序后,所有元素都可排好序。

6.3.2 求二维数组最大值的行下标和列下标

（1）问题描述

求二维数组，最多不超过 100 行 100 列（1<m,n<100）的最大元素的下标。如果有多个最大值，则输出第一个（行优先）。

输入样例：

3 4

12 99 3 5

45 32 98 6

6 16 34 21

输出样例：

0 1

（2）问题分析

一个函数只能返回一个值，而本题要求同时求最大值的行下标和列下标，如何设计？根据变量的作用域，可以设计两个全局变量，在不同的函数中依次调用，可以实现在一个函数中同时求这两个变量的值。

　　E1　输入行数 m 和列数 n

　　E2　输入二维数组

　　E3　求最大值的行下标和列下标

　　E4　输出行下标和列下标

（3）源程序

```
/*
程序名:ex6_3_2.c
功能:求二维数组最大值的行下标和列下标
*/
#include <stdio.h>
#define N 101
void InputArray(int a[][N],int ,int);
void FindMax(int a[][N],int ,int);
int maxrow,maxcol;   //定义全局变量
int main()
{
    int a[101][N];
    int m,n;
    scanf("%d%d",&m,&n);
    InputArray(a,m,n);   //输入二维数组的元素
    FindMax(a,m,n);   //找最大值的行下标和列下标,存放在全局变量中
    printf("%d%d\n",maxrow,maxcol);
}
/*
函数名:InputArray(int a[][N],int m,int n)
```

功能:输入二维数组的元素

返回值:无

```
*/
void InputArray(int a[][N],int m,int n)
{
    int i,j;
    for(i=0;i<m;i++ )
        for(j=0;j<n;j++ )
            scanf("%d",&a[i][j]);
}
/*
```

函数名：FindMax(int a[][N],int m,int n)

功能:求二维数组最大值的行下标和列下标

返回值:无,计算结果存放在全局变量 maxrow 和 maxcol 中

```
*/
void FindMax(int a[][N],int m,int n)
{
    int i,j;
    maxrow=maxcol=0;
    for(i=0;i<m;i++ )
        for(j=0;j<n;j++ )
            if (a[maxrow][maxcol]<a[i][j])
                maxrow=i,maxcol=j;
}
```

(4)思考

①为什么二维数组作为函数参数时,形参必须明确二维数组的列数,而行数可以省略?

②全局变量应用的特点有哪些? 在何种情况下选择用全局变量?

6.3.3　字符串连接

(1)问题描述

输入两个字符串,长度不超过 1000,将两个字符串连接成一个字符串。要求:

①不能用 strcat();

②写三个函数,分别为字符串输入、字符串联接、字符串输出。

输入样例:

Ithasn't First

the TCP/IP

输出样例:

The new string is: Ithasn't Firstthe TCP/IP

(2)问题分析

E1　调用字符串输入函数,输入两个字符串

E2　调用字符串连接函数,将第 2 个字符串连接在第 1 个字符串的后面,加'\0'为新字符串

E3　调用输出函数,输出新的字符串

(3)源程序

```c
#include<stdio.h>
void stringConnect(char * s1, char * s2);  //* 两个字符串的连接
void InputString(char * );
void PrintString(char * );
/*
程序名:ex6_3_3.c
功能:不能用库函数,将两个字符串连接
*/
int main()
{
    char s1[2001],s2[1001];
    InputString(s1);  //输入字符串
    InputString(s2);  //输入字符串
    stringConnect(s1,s2);  //连接字符串
    printf("The new string is: ");
    PrintString(s1);  //输出字符串
    return 0;
}
/*
函数: PrintString(char s[])
功能:将一行字符输入到字符串 s 中
返回值:无
*/
void PrintString(char s[])
{
    int i=0;
    while(s[i]! ='\0')
    {
        putchar(s[i]);
        i++;
    }
    putchar('\n');
}
/*
函数: InputString(char s[])
功能:将一行字符输入到字符串 s 中
返回值:无
*/
void InputString(char s[])
{
    char c;
```

```
        int i=0;
        while((c=getchar())!='\n')
        {
            s[i]=c;
            i++;
        }
        s[i]='\0';
}
/*
函数：stringConnect(char a[],char b[])
功能：将字符串 b 连接到字符串 a 的后面
返回值：无
*/
void stringConnect(char a[],char b[])
{
        int i,na;
        na=0;
        while(a[na]!='\0')
            na++;
        for(i=0;b[i]!='\0';i++)
            a[na+i]=b[i];
        a[na+i]='\0';
}
```

6.4　实验案例

6.4.1　数列有序

(1)问题描述

有 n(n≤100)个整数,已经按照从小到大顺序排列好了,现在另外给一个整数 x,请将该数插入到序列中,并使新的序列仍然有序。

(2)预置代码

```
#include<stdio.h>
void Solve(int, int);
void Insert(int [], int, int);

int main()
{
int n, x;
while(scanf("%d%d",&n,&x)){
    if(n==0&&x==0){
```

```
        break;
      }
      Solve(n, x);
    }
    return 0;
}
```

（3）输入描述

输入数据包含多个测试实例，每组数据由两行组成，第一行是 n 和 m，第二行是已经有序的 n 个数的数列。n 和 m 同时为 0 表示输入数据结束，本行不作处理。

（4）输出描述

对于每个测试实例，输出插入新的元素后的数列，每个元素之间有一个空格。

（5）输入样例

    3 3
    1 2 4
    0 0

（6）输出样例

    1 2 3 4

6.4.2　次大值和次小值之差

（1）问题描述

求输入的一组整数中的次大数和次小数的差。

（2）输入描述

第一行是测试数据的组数，以下每行是一组测试数据，每组由多个整数组成，第一个数表示该组一共有几个整数（大于 3，小于等于 100），整数之间由空格分开。

（3）输出描述

对输入的每组测试数据，将结果输出，每组之间空行，最后一组没有空行。

（4）输入样例

    2
    4 12 34 56 78
    5 1234 34 13 663 5000

（5）输出样例

    22
    1200

6.4.3　求 m 个数的最大值

（1）问题描述

确定用户输入的 m 个整数中的最大的数。

（2）输入描述

先给出数据的组数 T，对于每组数据，输入有两行，第一行是用户要输入的整数个数 m，第二行为 m 个用空格隔开的整数。

（3）输出描述

每组数据输出只有一行，为用户输入的 m 个数中最大的数。

（4）输入样例

    2
    5
    2 3 7 5 3
    2
    -1 -9

（5）输出样例

    7
    -1

6.4.4 平均数和标准差

（1）问题描述

求 n 个数的平均数和标准差。给定 n 个数 $X_1, X_2, X_3, \cdots, X_n$，数据的平均数为 x，标准差定义如下：

$$\delta = \sqrt{\frac{\sum_{i=1}^{N}(x_i - \bar{x})^2}{N}}。$$

（2）输入描述

第一行一个正整数 T，表示有 T 组测试数据。以下每行是一组数，第一个数为数组元素个数，每组数由空格分开的 n 个正整数构成。

（3）输出描述

对于每组数据输出一行，即平均数和标准差，两个数据均保留 3 位小数，并且以一个空格隔开。

（4）输入样例

    2
    5 1 1 1 1 1
    5 1 2 3 4 6

（5）输出样例

    1.000 0.000
    3.200 1.720

6.4.5 绝对值排序

（1）问题描述

输入 n(n≤100) 个整数，按照绝对值从大到小排序后输出。题目保证对于每一个测试实例，所有的数的绝对值都不相等。

（2）输入描述

输入数据有多组，每组占一行，每行的第一个数字为 n，接着是 n 个整数。n=0 表示输入数据的结束，不作处理。

（3）输出描述

对于每个测试实例，输出排序后的结果，两个数之间用一个空格隔开。每个测试实例占一行。

（4）输入样例

```
3 3 - 4 2
4 0 1 2 - 3
0
```

（5）输出样例

```
- 4 3 2
- 3 2 1 0
```

6.4.6 菲波那契数列

（1）问题描述

菲波那契数列是指这样的数列：数列的第一个和第二个数都为 1，接下来每个数都等于前面 2 个数之和。给出一个正整数 a，要求菲波那契数列中第 a 个数是多少。

（2）输入描述

第 1 行是测试数据的组数 n，后面跟着 n 行输入。每组测试数据占 1 行，包括一个正整数 a（1≤a≤20）。

（3）输出描述

n 行，每行输出对应一个输入。输出应是一个正整数，为菲波那契数列中第 a 个数的大小。

（4）输入样例

```
4
5
2
19
1
```

（5）输出样例

```
5
1
4181
1
```

6.4.7 两 倍

（1）问题描述

给定 2 到 15 个正整数，你的任务是计算这些数里面有多少个数对满足：数对中一个数是另一个数的两倍。比如给定 1,4,3,2,9,7,18,22，得到的答案是 3，因为 2 是 1 的两倍，4 是 2 的两倍，18 是 9 的两倍。

（2）输入描述

本题有多组测试数据，每组测试数据一行，描述如下：

首先是一个整数 n，表示后面有 n 个整数，然后是 n 个正整数。

（3）输出描述

对每组测试数据，在单独的一行中给出该组测试数据有多少个数对满足两倍关系。

（4）输入样例

    5 1 2 3 4 5

    8 1 4 3 2 9 7 18 22

（5）输出样例

    2

    3

6.4.8 行列互换

（1）问题描述

将一个整数矩阵的行和列互换。

（2）输入描述

第一行是测试数据的组数，以下每组数据的首行是矩阵的行数和列数（行和列的数目均不大于100），之后为矩阵。

（3）输出描述

对输入的每组测试数据，将矩阵行列互换输出，每组后面有一个空行。矩阵中的每个数据之后有一个空格。

（4）输入样例

    2

    3 2

    11 22

    33 44

    55 66

    3 3

    11 12 13

    21 22 23

    31 32 33

（5）输出样例

    11 33 55

    22 44 66

    11 21 31

    12 22 32

    13 23 33

6.4.9 杨辉三角

（1）问题描述

还记得中学时候学过的杨辉三角吗？具体的定义这里不再描述，你可以参考以下的图形：

    1

    1 1

    1 2 1

    1 3 3 1

    1 4 6 4 1

    1 5 10 10 5 1

(2)输入描述

输入数据包含多个测试实例,每个测试实例的输入只包含一个正整数 n(1≤n≤30),表示将要输出的杨辉三角的层数。

(3)输出描述

对应于每一个输入,请输出相应层数的杨辉三角,每一层的整数之间用一个空格隔开,每一个杨辉三角后面加一个空行。

(4)输入样例

```
2 3
```

(5)输出样例

```
1
1 1

1
1 1
1 2 1
```

6.4.10　最远距离

(1)问题描述

给定一组点(x,y),求距离最远的两个点之间的距离。所有浮点数均采用 double 类型。

(2)输入描述

第一行是点数 n(2≤n≤30),接着每一行代表一个点,由两个浮点数 x,y 组成。

(3)输出描述

输出一行是最远两点之间的距离。输出距离值并精确到小数点后 4 位。

(4)输入样例

```
6
34.0 23.0
28.1 21.6
14.7 17.1
17.0 27.2
34.7 67.1
29.3 65.1
```

(5)输出样例

```
53.8516
```

6.4.11　C语言合法标识符

(1)问题描述

输入一个字符串,判断其是否是 C 的合法标识符。合法字符定义如下:

①字母、数字组成的序列,但其第一个字符必须为字母。

②下划线"_"被看作字母。

（2）输入描述

输入数据包含多个测试实例,数据的第一行是一个整数 n,表示测试实例的个数,然后是 n 行输入数据,每行是一个长度不超过 100 的字符串。

（3）输出描述

对于每组输入数据,输出一行。如果输入数据是 C 的合法标识符,则输出"yes",否则,输出"no"。

（4）输入样例

```
3
12ajf
fi8x_a
ff ai_2
```

（5）输出样例

```
no
yes
no
```

6.4.12　查找最大元素

（1）问题描述

对于输入的每个字符串,查找其中的最大字母,在该字母后面插入字符串"(max)"。

（2）输入描述

输入数据包括多个测试实例,每个实例由一行长度不超过 200 的字符串组成,字符串仅由大小写字母构成。

（3）输出描述

对于每个测试实例输出一行字符串,输出的结果是插入字符串"(max)"后的结果。如果存在多个最大的字母,就在每一个最大字母后面都插入"(max)"。

（4）输入样例

```
abcdefgfedcba
xxxxx
```

（5）输出样例

```
abcdefg(max)fedcba
x(max)x(max)x(max)x(max)x(max)
```

6.4.13　回文串

（1）问题描述

"回文串"是一个正读和反读都一样的字符串,比如"level"或者"noon"等就是回文串。请写一个程序判断读入的字符串是否是"回文串"。

（2）输入描述

输入包含多个测试实例,输入数据的第一行是一个正整数 n,表示测试实例的个数,后面紧跟着的是 n 个字符串(每个字符串的长度不超过 100)。

（3）输出描述

如果一个字符串是回文串,则输出"yes",否则输出"no"。

(4)输入样例

```
4
level
abcde
noon
haha
```

(5)输出样例

```
yes
no
yes
no
```

6.4.14　十进制数转换为二进制数

(1)问题描述

给定一个十进制的正整数 n,把这个十进制数转化为二进制数。

(2)输入描述

有多组测试数据,每组测试数据输入只有一个正整数 n,处理到文件结束(EOF)。

(3)输出描述

对每组测试数,在单独的一行中输出对应的二进制数。

(4)输入样例

```
1
2
3
```

(5)输出样例

```
1
10
11
```

6.4.15　统计字符出现的次数

(1)问题描述

在键盘任意输入一行字符,统计数字('0','1',…,'9')和 26 个字母、空格及其他字符的个数。

(2)输入描述

输入有若干行,每行不超过 200 个字符。

(3)输出描述

分别输出数字字符、字母、空格、其他字符的个数,数之间有一空格。

(4)输入样例

```
akjsd8923789<.sdla* &8972979skjfalk asdkjal
2789128 askdjfalsk 281987 * * &@ $ #@ $
```

(5)输出样例

```
27 33 6 12
```

6.4.16　二进制数转换为十进制数

(1)问题描述

输入一个二进制数(仅由 0 和 1 构成的整数),打印出该数对应的十进制数。输入的二进制数最大不超过 30 位。

(2)输入描述

第一行是测试数据的组数 n,下面的 n 行是每一行为一个二进制数。

(3)输出描述

输出为 n 行,分别为对应输入的十进制数。

(4)输入样例

```
2
11
110
```

(5)输出样例

```
3
6
```

6.4.17　密　码

(1)问题描述

网上流传一句话:"常在网上飘啊,哪能不挨刀啊～"。其实要想能安安心心地上网其实也不难,学点安全知识就可以。

首先,我们得设置一个安全的密码。那什么样的密码才叫安全的呢? 一般来说一个比较安全的密码至少应该满足下面两个条件:

①密码长度大于等于 8,且不超过 16。

②密码中的字符应该来自下面四组"字符类别"中四组中的至少三组。

这四组字符类别分别为:

a. 大写字母:A,B,C,…,Z;

b. 小写字母:a,b,c,…,z;

c. 数字:0,1,2,…,9;

d. 特殊符号:～,!,@,#,$,%,^。

给你一个密码,你的任务就是判断它是不是一个安全的密码。

(2)预置代码

```
#include<stdio.h>
void Solve();
int Process(char ch[]);
int main()
{
    Solve();
    return 0;
}
```

（3）输入描述

输入数据第一行包含一个数 M，接下来有 M 行，每行一个密码（长度最大可能为 50），密码仅包括上述的四类字符。

（4）输出描述

对于每个测试实例，判断这个密码是不是一个安全的密码，是的话输出 YES，否则输出 NO。

（5）输入样例

```
3
a1b2c3d4
Linle@ ACM
^~^@ ^@ !%
```

（6）输出样例

```
NO
YES
NO
```

6.4.18　字符串排序

（1）问题描述

输入 n 个字符串，将这 n 个字符串从小到大排序后输出。

（2）输入描述

第一行是一个整数 n，表示有 n 个字符串，接下来 n 行，每行一个字符串，1≤n≤100，字符串的长度不超过 20。要求写一个函数对 n 个字符串进行排序。

（3）输出描述

输出有 n 行，每行一个字符串。

（4）输入样例

```
6
hangzhou
sanghai
wenzhou
ningbo
tianjing
beijing
```

（5）输出样例

```
beijing
hangzhou
ningbo
sanghai
tianjing
wenzhou
```

第7章

指　针

7.1　实验目的

通过本章实验,要求:
①掌握变量的直接引用和间接引用;
②掌握指针作为函数参数的传递规则;
③掌握数组元素的指针表示;
④掌握指针数组及其应用。

7.2　基本知识

7.2.1　指针的基本概念

(1)指针

指针是用来存放地址的变量。C语言在定义一个变量时,程序编译后,系统会为该变量分配内存,可以将变量的地址赋值给指针。如:

```
int x;
int *px;
px=&x;
```

(2)变量的直接引用和间接引用

在前面所有的程序中,对变量的操作都是通过对变量的直接引用来实现的。如:

```
x=x+10;
```

即将 x 加 10 的值赋值给 x。而变量的间接引用是通过指针来实现的。如:

```
*px=*px+10;
```

可以实现同样功能,*px 与 x 的效果是一样的。

（3）理解下列程序

阅读下列程序和程序运行结果，进一步理解指针的直接引用和间接引用。

```c
#include <stdio.h>
int main()
{
    int x;
    int *px;
    px=&x;
    x=10;
    printf("%x,%x\n",&x,px);
    printf("%d,%d\n",x,*px);
    *px=*px+10;
    printf("%d,%d\n",x,*px);
    return 0;
}
```

运行结果：

```
22ff44，22ff44
10， 10
20， 20
```

7.2.2 指针作为函数的参数

（1）阅读下列程序

```c
#include <stdio.h>
void Swap1(int x,int y)
{
    int temp;
    temp=x;x=y;y=temp;
}
void Swap2(int *px,int *py)
{
    int temp;
    temp=*px;*px=*py;*py=temp;
}
void Swap3(int *px,int *py)
{
    int *temp;
    temp=px;px=py;py=temp;
}
int main()
{
    int a,b;
```

```
        a=10;b=20;
        Swap1(a,b);
        printf("a=%d,b=%d\n",a,b);

        a=10;b=20;
        Swap2(&a,&b);
        printf("a=%d,b=%d\n",a,b);

        a=10;b=20;
        Swap3(&a,&b);
        printf("a=%d,b=%d\n",a,b);
        return 0;
    }
```

（2）运行结果

  a=10,b=20

  a=20,b=10

  a=10,b=20

（3）说明

函数 Swap1 的参数传递过程：当调用 Swap1 函数时，将实参 a 和 b 的数值（分别是 10 和 20）传递给形参 x 和 y，这样 x＝10，y＝20，函数中改变了形参 x 和 y 的值，对实参没有影响，因此 a 和 b 的值还是分别为 10 和 20。当 Swap1 函数调用结束后，x 和 y 就不再存在了。

函数 Swap2 的参数传递过程：当调用 Swap2 函数时，将实参 a 和 b 的地址（分别为 &a 和 &b）传递给形参 px 和 py，这样，指针 px 和 py 就指向 a 和 b，*px 和 *py 就是实参 a 和 b 的间接引用，函数中改变 *px 和 *py 的值，实参 a 和 b 同步变化。

函数 Swap3 的参数传递过程：当调用 Swap3 函数时，将实参 a 和 b 的地址（分别为 &a 和 &b）传递给形参 px 和 py，这样，指针 px 和 py 就指向 a 和 b，*px 和 *py 就是实参 a 和 b 的间接引用，但函数中并没有改变 *px 和 *py 的值，所以，实参 a 和 b 也不变化，但改变 px 和 py 的值，也就是改变了 px 和 py 的指向。但当函数调用结束后，px 和 py 就不存在了，所以实参也没有变化。

（4）应用

指针作为函数的参数有很多应用，一般的函数只能返回一个值，当函数需要多个返回值时，就可以用指针作为函数的参数来解决问题（详见第 7.3.1 节）。也可以解释数组名作为函数的参数时，函数中改变了形参数组元素的值，实参数组的元素作相应的变化，其原因是数组名实质上就是地址。

7.2.3　指针与数组

指针与数组名有类似之处，数组名是指向数组的首地址，是一常量，而指针可以指向内存中的地址，是一变量。因此，将数组名赋值给指针变量后，可以用指针替代数组名。第 i 个元素的地址表示为 &a[i]，也可表示为 a+i 或者 pa+i。例输入数组的 10 个元素，用数组表示如下：

```
int a[10];
for(i=0;i<10;i++ )
        scanf("%d",&a[i]);
```

用指针实现同样的功能,表示如下:

```
int a[10];
int *pa;
pa=a;
for(i=0;i<10;i++ )
        scanf("%d",pa+i)
```

还可表示为:

```
for(i=0;i<10;pa++ )
        scanf("%d",pa)
```

但是这两段代码有区别的,上一段代码执行后,pa 还是指向数组 a 的首地址,第二段代码执行后,pa 指向数组最后一个元素的地址的后一地址,需重新赋值 pa=a,将 pa 重新指向数组 a。

7.2.4　字符指针与字符串

字符指针在处理字符串时很方便,程序也很紧凑。对于 6.3.3 节中的字符串连接函数,用字符指针可以修改为:

```
void stringConnect(char *a,char *b)
{
    while(*a! ='\0')
        a++;
    while(*b! ='\0')
    {
        *a=*b;
        a++,b++;
    }
    *a='\0';
}
```

还可以进一步修改为:

```
void stringConnect(char *a,char *b)
{
    while(*a! ='\0')
        a++;
    while((*a++=*b++)! = '\0')
        ;
}
```

7.2.5　指针与二维数组

二维数组可以理解为由一维数组组成的一维数组,对于二维数组 int a[10][10],a 是指向二维数组的首地址,同时 a[0],a[1],a[i]分别是指向第 0 行、第 1 行和第 i 行的首地址。

与该数组相对的指针称之为指向一维数组的指针,表示为:

```
int (*p)[10];
p=a;
```

二维数组元素的指针表示见表 7-1。

表 7-1　二维数组的指针表示[2]

数组表示	指针表示	含　义
a	p	二维数组的首地址,a 是常量,p 是变量
a[1]	a+1,p+1、	第 1 行的首地址
&a[1][2]	a[1]+2,*(a+1)+2	第 1 行第 2 列的地址
a[1][2]	*(*(a+1)+2),*(a[1]+2)	第 1 行第 2 列的值

7.3　典型案例及分析

7.3.1　求二维数组最大值的行下标和列下标

(1)问题描述

求二维数组,最多不超过 100 行 100 列(1<m,n<100)的最大元素的下标。如果有多个大值,则输出第一个(行优先)。

输入样例:

3 4

12 99 3 5

45 32 98 6

6 16 34 21

输出样例:

0 1

(2)问题分析

一个函数只能返回一个值,而本题要求在一个函数中同时求最大值的行下标和列下标。可以设计一个函数,用指针作为函数的形式参数,在函数中修改形参所指向的变量的值,函数调用结束后,实参的值也作相应变化。可以实现同时返回两个值。函数设计原理同 7.2.2 节中的 Swap2。

　　E1　输入行数 m 和列数 n

　　E2　输入二维数组

　　E3　求最大值的行下标和列下标(用指针作为函数的参数)

　　E4　输出行下标和列下标

(3)源程序

```
/*
程序名:ex7_3_1.c
功能:求二维数组最大值的行下标和列下标
```

```
*/
#include <stdio.h>
#define N 101
void InputArray(int a[][N],int,int);
void FindMax(int a[][N],int,int,int* ,int* );
int main()
{
    int a[101][N];
    int m,n;
    int row,col;   //最大值所在的行和列
    scanf("%d%d",&m,&n);
    InputArray(a,m,n);   //输入二维数组的元素
    FindMax(a,m,n,&row,&col);   //找最大值的行下标和列下标,存放在 row,col 中
    printf("%d %d\n",row,col);
}
/*
```
函数名：InputArray(int a[][N],int m,int n)
功能:输入二维数组的元素
返回值:无
```
*/
void InputArray(int a[][N],int m,int n)
{
    int i,j;
    for(i=0;i<m;i++)
        for(j=0;j<n;j++)
            scanf("%d",&a[i][j]);
}
/*
```
函数名：FindMax(int a[][N],int m,int n, int *prow,int *pcol)
功能:求二维数组最大值的行下标和列下标,结果返回给实参
返回值:无
```
*/
void FindMax(int a[][N],int m,int n,int *prow,int *pcol)
{
    int i,j;
    int maxrow,maxcol;
    maxrow=maxcol=0;
    for(i=0;i<m;i++)
        for(j=0;j<n;j++)
            if (a[maxrow][maxcol]<a[i][j])
                maxrow=i,maxcol=j;
    *prow=maxrow;
    *pcol=maxcol;
```

　}

(4)思考

二维数组名作为函数的参数时,二维数组的第二维的大小为什么不能省略?

7.3.2　冒泡法排序

(1)问题描述

冒泡法排序是相邻两个数比较,从第 0 个数开始,如果相邻两个数没有按指定顺序排序,则相邻两个数交换位置,直到 n－1 个元素,然后再进行第二次排序,重复前面的过程。重复 n－1 次排序,可以实现数组的排序。要求:

①用函数编写排序程序;

②用指针实现数据交换。

测试数组只有一组,第一行包含一个整数 N,表示该组有 N 个数据(N 不大于 100),第二行包含这 N 个数据。

输入样例:

3

2 1 3

输出样例:

1 2 3

(2)问题分析

①分析

　　E1　输入 N 个元素(函数)

　　E2　N 个元素排序(函数)

　　E3　输出 N 个元素

②N 个元素的冒泡法排序

　　E1　排序次数循环 i＝0 到 n－2

　　　　E1.1　相邻数组元素的循环 j＝0 到 n－2

　　　　　　E1.1.1 如果 a[j]＞a[j＋1],则交换两个元素的位置

(3)源程序

```
/*
程序名:ex7_3_2.c
功能:冒泡法排序
*/
#include <stdio.h>
/* Swap 函数
功能:两个变量交换数值
参数:int *px,int *py
返回值:无
*/
void Swap(int *px,int *py)
{
```

```
    int temp;
    temp=*px,*px=*py,*py=temp;
}
/* Sort 函数
功能:n 个元素的排序
参数:int * a,int n
返回值:无
*/
void Sort(int *a,int n)
{
    int i,j;
    for(i=0;i<n-1;i++ )
    {
        for(j=0;j<n-1;j++ )
            if (a[j]>a[j+1])  Swap(&a[j],&a[j+1]);
    }
}
/* InputArray 函数
功能:输入 n 个元素
参数:int *a,int n
返回值:无
*/
void InputArray(int *a,int n)
{
    int i;
    for(i=0;i<n;i++ )
        scanf("%d",a+i);
}
/* PrintArray 函数
功能:输出 n 个元素
参数:int *a,int n
返回值:无
*/
void PrintArray(int *a,int n)
{
    int i;
    for(i=0;i<n;i++,a++ )
        printf("%d",*a);
    printf("\n");
}
int main()
{
    int n;
```

```
        int b[110];
        scanf("%d",&n);
        InputArray(b,n);  //输入 n 个元素
        Sort(b,n);  //n 个元素排序
        PrintArray(b,n);  //输出 n 个元素
        return 0;
    }
```

（4）思考

①Swap 函数在执行过程中,每次能将一个元素排好序,对于已经排序的元素可以不参加下次排序,减少循环次数,请修改程序。

②应用指向函数的指针,在相邻两个元素比较时,用指向函数的指针进行比较,使用程序能同时实现从小到大和从大到小的排序,请修改程序。

7.3.3 输出指定字符后的所有字符

一、问题描述

在字符串 t 中查找指定的字符 s,如果能找到,则输出该字符以后的所有字符,若没找到,则输出 No。要求：

（1）用返回指针的函数编写查找程序。

输入样例：

wenzhou university, zhejiang, china

z

输出样例：

zhou university, zhejiang, china

（2）问题分析

    E1   输入字符串

    E2   查找指定字符出现的位置

    E3   如果找到,输出该字符以后的所有字符,否则,输出 No

（3）源程序

```
/*
程序名:ex7_3_3.c
功能:输出指定字符以后的所有字符
*/
#include <stdio.h>
#include <string.h>
/* char *FIndCha(char *,int )函数
功能:查找指定字符的位置
参数:char *s, char t
返回值:如果找到则返回该字符的位置,否则,返回 NULL
*/
char *FindChar(char *s,char t)
{
```

```
        while(*s! ='\0')
        {
            if (*s==t) return s;
            s++;
        }
        return NULL;
    }
    int main()
    {
        char str[110],ch;
        gets(str);
        scanf("%c",&ch);
        char *pc;
        pc=FindChar(str,ch);
        if (pc==NULL) printf("No\n");
        else puts(pc);
        return 0;
    }
```

（4）思考
①要求理解 puts()的含义。
②FindChar 函数也可以设计成返回值为整数的函数，请修改。
③理解返回值为指针的函数设计。

7.4 实验案例

7.4.1 统计字符个数

（1）问题描述
输入一行字符，统计并输出其中数字字符、英文字母和其他字符的个数。
要求：编写一函数 void count(char * s,int * pdigit,int * pletter,int * pother)，其中 s 为输入的字符串，* pdigit，* pletter，* pother 分别表示字符串中数字、字母和其他字符的个数。

（2）输入描述
输入 1 个字符串，长度不超过 1000。

（3）输出描述
输出数字、字母和其他字符的个数。每个数后有一空格。

（4）输入样例
wenzhou university 1933

（5）输出样例
4 17 2

7.4.2 循环移动

(1)问题描述

给定一组整数,要求利用数组把这组数保存起来,再利用指针实现对数组中的数循环移动。假定共有 n 个整数,则要使前面各数顺序向后移 m 个位置,并使最后 m 个数变为最前面的 m 个数。数组元素移动情况如图 7－1 所示。

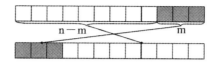

图 7－1 数组元素移动情况

(2)预置代码

```
#include<stdio.h>
void Solve();
void move(int a[], int n, int m);  //数组 a 的长度为 n,循环移动 m 次/
int main()
{
    Solve();

    return 0;
}
```

(3)输入描述

输入有两行:第一行包含一个正整数 n 和一个正整数 m,第二行包含 n 个正整数。每两个正整数中间用一个空格分开。

(4)输出描述

输出经循环移动后数组中的数据,每两个整数之间用空格分隔。

(5)输入样例

11 4

15 3 76 67 84 87 13 67 45 34 45

(6)输出样例

67 45 34 45 15 3 76 67 84 87 13

7.4.3 鞍 点

(1)问题描述

找一个二维数组中的鞍点,即该位置上的元素在该行上最大,在该列上最小(各行、列上不存在相等的数)。鞍点最多一个,也可能不存在。

(2)输入描述

第一行是测试数据的组数,以下每组数据的首行是二维数组的行数和列数(行和列的数目均不大于 100),之后为二维数组。

(3)输出描述

对输入的每组测试数据,如果存在鞍点,输出鞍点所在的行、列及其值;如果不存在,输

出 "N"。

（4）输入样例

```
2
2 2
1 3
3 2
3 3
11 22 33
99 33 55
44 55 66
```

（5）输出样例

```
N
0 2 33
```

7.4.4　矩阵规范化

（1）问题描述

有一种矩阵规范化是这样做的，先找出矩阵的每一行中的最大值，然后每行的每个元素分别除该行的最大值。要求写一个函数实现矩阵的规范化，在函数中使用指针。

（2）预置代码

```c
#include<stdio.h>
#define M 100
#define N 100

void Input(double a[][M], int m, int n);   //矩阵的输入
void Normal(double a[M][N], int m, int n);   //矩阵规范化
void Output(double a[][M], int m, int n);   //矩阵的输出

int main()
{
int m, n;
double a[M][N];

scanf("%d%d", &m, &n);

Input(a,m,n);
Normal(a,m,n);
Output(a,m,n);

return 0;
}
```

（3）输入描述

只有一组测试用例。输入第一行是两个整数 m（小于 50）和 n（小于 50），分别表示矩阵

的行数与列数。接下来 m 行，每行 n 个浮点数，数与数之间用空格分开。

（4）输出描述

输出规范化后的矩阵，所有元素保留 2 位小数。总共 m 行，每行 n 个浮点数。数与数之间用空格分开，注意每行最后一个元素后面没有空格。

（5）输入样例

```
3 3
1 2 3
4 5 6
7 8 9
```

（6）输出样例

```
0.33 0.67 1.00
0.67 0.83 1.00
0.78 0.89 1.00
```

7.4.5　字符串比较

（1）问题描述

编一程序，将两个字符串 s1 和 s2 比较，若 s1＞s2，输出一个正数；若 s1＝s2，输出 0；若 s1＜s2，输出一个负数。两个字符串用 gets 函数读入。两个字符串的长度不超过 1000。输出的正数或负数应是相比较的两个字符串相应字符的 ASCII 码的差值。如果两个字符串中有多个相应的字符不等，则取第一次相应不等的字符的差值。例如，"A"与"C"相比，由于"A"＜"C"，应输出负数，同时由于"A"与"C"的 ASCII 码差值为 2，因此应输出"－2"。同理："And"和"Aid"比较，根据第 2 个字符比较结果，"n"比"i"大 5，因此应输出"5"。

（2）预置代码

```
#include<stdio.h>
void Solve();
int CompareStr(char *s1, char *s2);

int main()
{
Solve();

return 0;
}
```

（3）输入描述

输入数据第一行包含一个数 n，表示有 n 组测试数据。其中每组数据包含两行：第一行是字符串 s1，第二行是字符串 s2。

（4）输出描述

对于每组测试数据，输出 s1 与 s2 比较的结果。

（5）输入样例

```
2
A
```

```
C
And
Aid
```
（6）输出样例
```
-2
5
```

7.4.6 找位置

（1）问题描述

编写函数 strrindex(s,t)，它返回字符串 t 在 s 中最右边出现的位置。如果 s 中不包含 t，则返回—1。

设计一个合适的主程序测试你编写的函数，字符串的长度不超过1000。

（2）预置代码
```
#include<stdio.h>
#include<string.h>

void Solve();
int strrindex(char *s, char *t);

int main()
{
Solve();

return 0;
}
```

（3）输入描述

输入数据有两行，第一行是字符串 s，第二行是字符串 t。

（4）输出描述

如果字符串 s 中包含字符串 t，则输出 t 在 s 中最右边出现的位置，否则输出—1。

（5）输入样例
```
I am a student.
am
```
（6）输出样例
```
2
```

7.4.7 进制转换

（1）问题描述

输入一个十进制数 N，将它转换成 R 进制数输出。

（2）预置代码
```
#include<stdio.h>
```

```
void Solve();
void deciTOother(int n, int m, char ch[]);   //十进制转换成其他进制

int main()
{
Solve();

return 0;
}
```

（3）输入描述

输入数据包含多个测试实例，每个测试实例包含两个整数 N（32 位整数）和 R（2≤R≤36）。

（4）输出描述

为每个测试实例输出转换后的数，每个输出占一行。如果 R 大于 10，则对应的数字规则参考 16 进制（比如，10 用 A 表示，16 用 G 表示等）。

（5）输入样例

```
7 2
23 12
-4 3
```

（6）输出样例

```
111
1B
-11
```

7.4.8 加 密

（1）问题描述

有一种加密方法：对于给定的一条信息 s，把 s 看作一个字符串，然后随机产生一些字符串，把这些字符串插入到 s 的某些字符之间，这样处理后可以得到密文 t。现在不考虑如何产生字符串，也不考虑如何把字符串插入到明文中。给定两个字符串 s 和 t，请判定 s 是否为 t 的明文。其实这个问题就是考虑 s 是否为 t 的子串。

这里子串的定义：把 t 里面的某些字符删除后，剩下的字符串恰好是 s，则 s 就是 t 的子串。

（2）输入描述

输入包括多组测试数据。每组测试数据一行，该行为由空格分开的两个字符串 s 和 t。s 和 t 中的字符都是英文字母。s 与 t 的长度均不超过 200。

（3）输出描述

对每组测试数据，如果 s 是 t 的子串，在单独的一行中输出"Yes"，否则在单独的一行中输出"No"。

（4）输入样例

```
sequence subsequence
```

```
person compression
VERDI vivaVittorioEmanueleReDiItalia
caseDoesMatter CaseDoesMatter
```

(5)输出样例

```
Yes
No
Yes
No
```

7.4.9　大整数加法

(1)问题描述

求两个不超过 200 位的非负整数的和。

(2)输入描述

输入有两行,每行是一个不超过 200 位的非负整数,没有多余的前导 0。

(3)输出描述

输出为一行,即相加后的结果。结果不能有多余的前导 0,即如果结果是 342,那么就不能输出为 0342。

(4)输入样例

```
22222222222222222222
33333333333333333333
```

(5)输出样例

```
55555555555555555555
```

7.4.10　大整数乘法

(1)问题描述

求两个不超过 200 位的非负整数的积。

(2)输入描述

输入有两行,每行是一个不超过 200 位的非负整数,没有多余的前导 0。

(3)输出描述

输出为一行,即相乘后的结果。结果不能有多余的前导 0,即如果结果是 342,那么就不能输出为 0342。

(4)输入样例

```
12345678900
98765432100
```

(5)输出样例

```
1219326311126352690000
```

第8章

结构体

8.1 实验目的

通过本章实验,要求:

①掌握结构体数据类型的定义;

②掌握结构体数据类型变量的定义;

③掌握结构体数据类型变量的各种运算;

④掌握结构体数据类型的指针定义和运算;

⑤掌握结构体数据的数组定义和应用;

⑥了解动态链表的初步知识。

8.2 基本知识

8.2.1 结构体的定义

(1)结构体数据类型的定义

结构体数据类型实质上是各种基本数据类型(包括 int、float、double 和 char 数据类型)及数组和指针的组合,用来表示一种特定的数据类型。如用结构体数据类型表示一个学生信息,学生信息包括学号、姓名、出生日期和数学、英语课程的成绩和总成绩。

```
typedef struct
{
    int year;
    int month;
    int day;
}Date;
```

```
struct student
{
    char id[20];
    char name[20];
    Date birthday;
    double math;
    double english;
    double sum;
};
typedef struct student ElemType;
```

(2)结构体数据类型变量的定义

结构体数据类型实质上是一种用户自定义数据,与基本数据类型一样,可以定义结构体数据类型的变量和数据。

```
ElemType a1,a2,a3;
ElemType b[100];
Date d;
```

(3)结构体数据类型的运算

可以对结构体数据类型的变量的成员进行运算,同时也可以对结构体数据的变量进行运算。如:

```
d.year= 1993;
d.month= 8;
d.day= 12;
strcpy(a1.id,"090001");
strcpy(a1.name,"zhangshan");
a1.birthday= d;
a1.math= 90.0;
a1.english= 88.0;
a1.sum= a1.math+ a1.english;
printf("%s%s%d%d%d%.2f%.2f%.2f\n",x.id,x.name,x.birthday.year,x.
birthday.month,x.birthday.day,x.math,x.english,x.sum);
```

结构体类型的变量也可以相互赋值。如:

```
a2= a1;
```

8.2.2 结构体指针

与基本数据类型的指针一样,可以定义结构体数据的指针。如:

```
ElemType *pa;
pa=&a1;
(*pa).math=70;
pa->english=80;
pa->sum=pa->math+ pa->english;
printf("%s%2f%.2f%.2f\n",a1.name,pa->math,pa->english,pa->sum);
```

8.2.3　结构体数据类型的数组

与基本数据类型一样,可以定义结构体数据类型的数组,如:

```
ElemType b[100];
```

数据名同样表示为数据的首地址(常量),其成员类似结构体数据类型的变量,可以进行各种运算。

8.2.4　静态链表

静态链表是结构体类型数组和一个表示数组长度的结构体类型来表示。如:

```
struct stlink
{
    ElemType a[100];
    int n;  //表示数组的实际长度
};
typedef struct stlink Stlink;
```

这样,可以定义静态链表,如:

```
Stlink st1,st2;
```

st1 链表的长度为 st1.n,对其中一个成员的引用为 st1.a[i].id。本章实验案例要求用这种方法来解题。

8.2.5　动态链表

动态链表是结构体数据类型指针的应用实例,与数组不一样,动态链表是以指针的指向将每个结点连结起来的一种数据结构,详见 10.1.1 节。

8.3　典型例子及分析

8.3.1　计算学生的总成绩并输出

(1)问题描述

学生信息包括学号、姓名、出生日期和数学、英语课程的成绩和总成绩。输入 n 个学生的信息,计算每个学生的总成绩并输出每个学生的信息。

输入 n(100>n>1),然后输入 n 个学生信息。

输入样例:

```
5
zhangshan 090001 1992 2 12 89 90
zhiaoshi 090002 1993 1 5 67 80
goujing 090003 1992 8 20 95 90
huangwu 090004 1993 2 3 83 74
liuyi 090005 1991 9 23 84 76
```

输出样例：

zhangshan 090001 1992 2 12 89.00 90.00 179.00

zhiaoshi 090002 1993 1 5 67.00 80.00 147.00

goujing 090003 1992 8 20 95.00 90.00 185.00

huangwu 090004 1993 2 3 83.00 74.00 157.00

liuyi 090005 1991 9 23 84.00 76.00 160.00

（2）问题分析

    E1   定义一个表示日期的结构体数据类型

    E2   定义一个表示学生信息的结构体数据类型

    E3   定义输入学生信息的函数

    E4   定义输出学生信息的函数

（3）源程序

```
/*
程序名:ex8_3_1.cpp
功能:计算 n 个学生的总成绩,并输出
*/
# include <stdio.h>
# include <string.h>
//定义表示学生信息的结构体数据类型
typedef struct
{
    int year;
    int month;
    int day;
}Date;
struct student
{
    char id[20];
    char name[20];
    Date bitrhday;
    double math;
    double english;
    double sum;
};
typedef student ElemType;
struct stlink
{
    ElemType a[100];
    int n;   //表示数组的实际长度
};
typedef struct stlink Stlink;
//函数:输入学生信息
```

```
ElemType InputElemType()
{
    ElemType x;
    scanf("%s%s%d%d%d%lf%lf",x.id,x.name,&x.birthday.year,
    &x.birthday.month,&x.birthday.day,&x.math,&x.english);
    x.sum=x.math+x.english;
    return x;
}
//函数:输出学生信息
void PrintElemType(ElemType x)
{
    printf("%s%s%d%d%d%.2f%.2f%.2f\n",x.id,x.name,x.birthday.year,
    x.birthday.month,x.birthday.day,x.math,x.english,x.sum);
}
int main()
{
    Stlink t1;
    int i;
    scanf("%d",&t1.n);
    for(i=0;i<t1.n;i+ + )
        t1.a[i]=InputElemType();
    for(i=0;i<t1.n;i+ + )
        PrintElemType(t1.a[i]);
    return 0;
}
```

(4)思考

将输入学生信息的函数改写为:

```
void InputElemType1(ElemType *px)
{
}
```

用指针作为函数的参数形式。

8.3.2　计算两点之间距离

(1)问题描述

计算 n 个点间距的最大值,输入 n(100>n>1),然后输入 n 个点的坐标。

输入样例:

5

1 10

2 1

3 30

4 5

8 2

输出样例：

7.0711

（2）问题分析

 E1 定义一个表示点结构的结构体数据类型

 E2 定义计算两个点之间距离的函数

 E3 输入 n 个点的坐标

 E4 计算 n 个点间距的最大值

（3）源程序

```c
/*
程序名:ex8_3_2.c
程序功能:计算 n 个点间距的最大值
*/
#include <stdio.h>
#include <math.h>
//定义表示点的结构体数据类型
typedef struct
{
    double x;
    double y;
}Point;
//函数:输入一个数据点
Point InputPoint()
{
    Point b;
    scanf("%lf%lf",&b.x,&b.y);
    return b;
}
//函数:计算两个点之间的距离
double Dist(Point b,Point c)
{
    double s;
    s=(b.x-c.x)*(b.x-c.x)+(b.y-c.y)*(b.y-c.y);
    return sqrt(s);
}
//函数:计算 n 个点之间距离的最大值
//读者自行补充完成
double Max(Point a[],int n)
{

}
int main()
{
```

```
    int n;
    scanf("%d",&n);
    Point a[100];
    int i,j;
    for(i=0;i<n;i++ )
            a[i]=InputPoint();
    double max;
    max=0;
    double s;
    for(i=0;i<n-1;i++ )
    {
        for(j=i+1;j<n;j++ )
        {
            s= Dist(a[i],a[j]);
            if (max<s)
                max=s;
        }
    }
    printf("%.4f\n",max);
    return 0;
}
```

（4）思考

将程序的计算距离的最大部分修改为独立的函数形式。

```
//求 n 个点之间的最大距离
double Max(Point a[], int n)
{

}
```

8.4　实验案例

8.4.1　谁拿了最多奖学金

（1）问题描述

某校的惯例是在每学期的期末考试之后发放奖学金。发放的奖学金共有五种,获取的条件各自不同:

①院士奖学金,每人 8000 元,期末平均成绩高于 80 分(>80),并且在本学期内发表1篇或 1 篇以上论文的学生均可获得;

②五四奖学金,每人 4000 元,期末平均成绩高于 85 分(>85),并且班级评议成绩高于80 分(>80)的学生均可获得;

③成绩优秀奖,每人 2000 元,期末平均成绩高于 90 分(>90)的学生均可获得;

④西部奖学金,每人 1000 元,期末平均成绩高于 85 分(>85)的西部省份学生均可获得;

⑤班级贡献奖,每人 850 元,班级评议成绩高于 80 分(>80)的学生干部均可获得。

只要符合条件就可以得奖,每项奖学金的获奖人数没有限制,每名学生也可以同时获得多项奖学金。

例如姚林的期末平均成绩是 87 分,班级评议成绩是 82 分,同时他还是一位学生干部,那么他可以同时获得五四奖学金和班级贡献奖,奖金总数是 4850 元。现在给出若干学生的相关数据,请计算哪些同学获得的奖学金总数最高(假设总有同学能满足获得奖学金的条件)。

(2)输入描述

输入的第一行是一个整数 N(1≤N≤100),表示学生的总数。

接下来的 N 行每行是一位学生的数据,从左向右依次是姓名、期末平均成绩、班级评议成绩、是否是学生干部、是否是西部省份学生,以及发表的论文数。

姓名是由大小写英文字母组成的长度不超过 20 的字符串(不含空格);期末平均成绩和班级评议成绩都是 0 到 100 之间的整数(包括 0 和 100);是否是学生干部和是否是西部省份学生分别用一个字符表示,Y 表示是,N 表示不是;发表的论文数是 0 到 10 的整数(包括 0 和 10)。每两个相邻数据项之间用一个空格分隔。

(3)输出描述

输出包括 3 行。第一行是获得最多奖学金的学生的姓名,第二行是这名学生获得的奖学金总数。如果有两位或两位以上的学生获得的奖学金最多,输出他们之中在输入文件中出现最早的学生的姓名。第三行是这 N 个学生获得的奖学金的总数。

(4)输入样例

    4
    YaoLin 87 82 Y N 0
    ChenRuiyi 88 78 N Y 1
    LiXin 92 88 N N 0
    ZhangQin 83 87 Y N 1

(5)输出样例

    ChenRuiyi
    9000
    28700

8.4.2　工资排序

(1)问题描述

某个公司的职员工资分为三部分,基本工资 a,浮动工资 b 和奖励 c。实发工资 x=a+b+c。

现在给定 n 个人的工资信息,请按这 n 个人的实发工资从高到低排序输出。

(2)输入描述

输入有 n+1 行。

第一行是一个正整数 n,表示有 n 个职工。

（3）输出描述

输出有 n 行，每行格式如下：

　　姓名　实发工资

之间用一个空格分隔。实发工资保留 2 位小数。

（4）输入样例

　　3

　　zhangsan 2400.00 400.00 100.00

　　lisi 2300.00 700.00 0.0

　　wangwu 2300.00 300.00 10.0

（5）输出样例

　　lisi 3000.00

　　zhangsan 2900.00

　　wangwu 2610.00

8.4.3 单词统计

（1）问题描述

给定一段文章，每行不超过 1000 个字符，统计文章中每个单词出现的频率，忽略大小写差异。为了简化问题，文章中只有英文字母和空白字符，没有标点符号和特殊符号。

（2）输入描述

第一行为一个整数 T，表示数据的组数。

对于每组数据以一个独占一行的"♯"结束。

（3）输出描述

对于每组测试数据：

第一行为一个整数 n，表示文章中出现的单词的总数；

接下来 n 行按字母序从小到大输出文章中出现的单词（全部以大写字母表示）和出现的次数。

（4）输入样例

　　2

　　Hello World

　　♯

　　Abc abc cde aa bb cc aas test

　　♯

（5）输出样例

　　2

　　HELLO 1

　　WORLD 1

　　7

　　AA 1

　　AAS 1

　　ABC 2

　　BB 1

CC 1

CDE 1

TEST 1

8.4.4　职工信息管理系统

（1）问题描述

职工信息包括职工号、姓名、性别、年龄、学历、工资、住址、电话等（职工号不重复）。试设计一职工信息管理系统，使之能提供以下功能：

①插入职工信息：

插入成功，显示"Inserted"，否则显示"Failed"。

命令格式如下：

INSERT id name sex age edu wage add tel

分别为职工号、姓名、性别、年龄、学历、工资、住址、电话，id name edu add tel 为长度不超过 20 的字符串，sex 为 F 或者 M，age 为正整数，wage 为浮点数。学历有

AD:Associate diploma

UD:university diploma

BD:bachelor degree

MD:master degree

DD:doctor degree

②职工信息浏览：

命令如下：

VIEW id

查看职工号为 id 的职工的信息，格式如下：

id name sex age edu wage add tel

之间有一空格，浮点数保留 2 位小数。

如果没有该职工信息，在单独的一行中显示"Failed"。

③列出所有职工的信息：

命令格式：

LIST

单个职工的信息与上同。

④按工资查询：

命令格式如下：

FIND relation wage

其中 relation 为'＞'，'＜'，或者'＝'，分别查找工资大于、小于、等于 wage 的所有职工，并且先按工资从低到高，再按职工号输出所有满足条件的职工信息，每个职工信息一行，格式同 VIEW 命令。

如果没有符合条件的职工，输出"NOT FIND"。

⑤删除职工信息：

DELETE id

删除职工号为 id 的职工，成功输出"Deleted"，否则输出"Failed"。

⑤修改职工信息：

CHANGE id name sex age aca wage add tel

修改职工号为 id 的职工的信息。修改成功，显示"Changed"，否则显示"Failed"。

⑥按工资排序：

命令如下：

SORT

先按工资从低到高，再按职工号从小到大的顺序排序并输出职工信息，每行一位职工信息。职工信息输出格式同 VIEW 命令。

⑦QUIT 或者 EXIT

输出"Good bye!"后结束程序。

（2）输入描述

输入有多行，每行一条命令，命令格式如下：

INSERT id name sex age edu wage add tel

插入职工信息，命令后面的参数分别为职工号、姓名、性别、年龄、学历、工资、住址、电话，id name edu add tel 为长度不超过 20 的字符串，sex 为 F 或者 M，age 为正整数，wage 为浮点数。

VIEW id

查看职工号为 id 的职工的信息。

FIND relation wage

其中 relation 为'＞'，'＜'，或者'＝'，分别查找工资大于、小于、等于 wage 的所有职工信息。

DELETE id

删除职工号为 id 的职工。

CHANGE id name sex age aca wage add tel

修改职工号为 id 的职工的信息。

SORT

先按工资从低到高，再按职工号从小到大排序所有职工信息。

QUIT 或者 EXIT

退出程序。

（3）输出描述

每条命令都有对应的输出：

INSERT id name sex age edu wage add tel

插入成功，显示"Inserted"，否则显示"Failed"，并显示职工信息。

VIEW id

显示职工号为 id 的职工的信息，格式如下：

id name sex age edu wage add tel

之间有一空格，浮点数保留 2 位小数。如果没有该职工信息，输出"Failed"。

FIND relation wage

其中 relation 为'＞'，'＜'，或者'＝'，分别查找工资大于、小于、等于 wage 的所有职工信息。

DELETE id

成功删除输出"Deleted"，否则输出"Failed"。

CHANGE id name sex age aca wage add tel

修改成功,显示"Changed",否则显示"Failed"。

SORT

显示排序后的所有职工信息,每位职工信息占一行,格式同 VIEW 命令。

QUIT 或者 EXIT

输出"Good bye!"后结束程序。

(4)输入样例

  INSERT 001 zhangsan M 28 UD 2000.0 wenzhou 057782347865

  INSERT 002 lisi M 29 DD 5000.0 shanghai 02188347865

  INSERT 003 wanghong F 35 UD 4000.0 hangzhou 057188127865

  VIEW 001

  CHANGE 001 zhangsan M 28 UD 2100.0 wenzhou 057782347865

  CHANGE 004 zhangsan M 28 UD 2100.0 wenzhou 057782347865

  FIND < 5001.0

  FIND= 2100.0

  LIST

  SORT

  DELETE 001

  DELETE 006

  QUIT

(5)输出样例

  Inserted

  001 zhangsan M 28 UD 2000.00 wenzhou 057782347865

  Inserted

  002 lisi M 29 DD 5000.00 shanghai 02188347865

  Inserted

  003 wanghong F 35 UD 4000.00 hangzhou 057188127865

  001 zhangsan M 28 UD 2000.00 wenzhou 057782347865

  Changed

  Failed

  001 zhangsan M 28 UD 2100.00 wenzhou 057782347865

  002 lisi M 29 DD 5000.00 shanghai 02188347865

  003 wanghong F 35 UD 4000.00 hangzhou 057188127865

  001 zhangsan M 28 UD 2100.00 wenzhou 057782347865

  001 zhangsan M 28 UD 2100.00 wenzhou 057782347865

  002 lisi M 29 DD 5000.00 shanghai 02188347865

  003 wanghong F 35 UD 4000.00 hangzhou 057188127865

  001 zhangsan M 28 UD 2100.00 wenzhou 057782347865

  003 wanghong F 35 UD 4000.00 hangzhou 057188127865

  002 lisi M 29 DD 5000.00 shanghai 02188347865

  Deleted

  Failed

  Good bye!

第9章

文 件

9.1 实验目的

通过本章实验,要求:
①掌握文件操作的基本过程;
②掌握 C 语言文件处理函数;
③掌握顺序文件的读写操作;
④掌握二进制文件的读写操作。

9.2 基本知识

9.2.1 文件操作的基本过程

C 语言文件的操作过程有:
①定义文件指针;
②以读的方式打开文件;
③如果文件没有结束,按指定格式读文件;
④数据处理;
⑤关闭文件;
⑥以写的方式打开文件;
⑦数据写入文件;
⑧关闭文件。

9.2.2 文件操作的基本函数

C 语言常用的文件处理函数有：

（1）定义文件指针

　FILE *fp1；

（2）打开文件

　FILE *fopen(const char *fname, const char *mode)；

功能：fopen()函数打开由 fname(文件名)指定的文件，并返回一个关联该文件的流，如果发生错误，fopen()返回 NULL。

mode 为文件打开方式，按文件格式和读写类型，文件打开方式见表 9-1。

表 9-1　文件打开方式

文本文件（ASCII）		二进制文件	
打开方式	含　义	打开方式	含　义
"r"	只读方式打开文本文件	"rb"	只读方式打开二进制文件
"w"	只写方式打开文本文件	"wb"	只写方式打开二进制文件
"a"	追加方式打开文本文件	"ab"	追加方式打开二进制文件
"r+"	读写方式打开文本文件	"rb+"	读写方式打开二进制文件
"w+"	读写方式打开文本文件	"wb+"	读写方式打开二进制文件
"a+"	追加方式打开文本文件	"ab+"	追加方式打开二进制文件

（3）判断文件结束

int feof(FILE *stream)；

功能：feof()函数在到达给出的文件流的文件尾时返回一个非零值。

（4）关闭文件流

int fclose(FILE *stream)；

功能：fclose()函数关闭给出的文件流，释放已关联到流的所有缓冲区，fclose()执行成功时返回 0，否则返回 EOF。

9.2.3　数据读写函数

（1）格式化读函数

int fscanf(FILE *stream, const char *format, …)；

功能：fscanf()函数以 scanf()函数的执行方式从给出的文件流中读取数据，fscanf()的返回值是事实上已赋值的变量的数，如果未进行任何分配时返回 EOF。

从标准输入设备输入，fscanf(stdin, const char * format,…)功能与 scanf()相同。

（2）格式化写函数

int fprintf(FILE *stream, const char *format,...)；

功能：fprintf()函数根据指定的 format(格式)发送信息(参数)到由 stream(流)指定的文件，fprintf()函数只能和 printf()函数一样工作，fprintf()的返回值是输出的字符数，发生错误时返回 EOF。

从标准输出设备输出,fprintf(stdout,const char *format,…),其功能与 printf()相同。

(3)字符串读函数

char *fgets(char *str, int num, FILE *stream);

功能:fgets()函数从给出的文件流中读取[num－1]个字符并且把它们转储到 str(字符串)中,fgets()在到达行末时停止,在这种情况下,str(字符串)将会被一个新行符结束。如果 fgets()达到[num－1]个字符或者遇到 EOF,str(字符串)将会以 NULL 结束,fgets()成功时返回 str(字符串),失败时返回 NULL。

(4)字符串写函数

int fputs(const char *str, FILE *stream);

功能:fputs()函数把 str(字符串)指向的字符写到给出的输出流,成功时返回非负值,失败时返回 EOF。

9.2.4　二进制文件读写

(1)数据块方式读函数

int fread(void *buffer, size_t size, size_t num, FILE *stream);

功能:fread()函数读取[num]个对象(每个对象大小为 size(大小)指定的字节数),并把它们替换到由 buffer(缓冲区)指定的数组,数据来自给出的输入流,函数的返回值是读取的内容数量。

(2)数据块方式写函数

int fwrite(const void *buffer, size_t size, size_t count, FILE *stream);

功能:fwrite()函数从数 buffer(缓冲区)中,写 count 个大小为 size(大小)的对象到 stream(流)指定的流,返回值是已写的对象的数量。

9.3　典型案例及分析

9.3.1　复制文件

(1)问题描述

现有文件 in. txt,请将该文件在同一文件夹下,复制为文件名为 out. txt 的文件。先在指定文件夹下建立 in. txt 文件,并写入一些数据。程序结束后,同时打开 in. txt 和 out. txt 文件,比较这两个文件的内容。

(2)问题分析

文件复制实质上是从指定文件逐个读入字符,并将该字符写入到输出文件流中。

　　E1　　以读的方式打开文件 int. txt,文件指针为 fp1

　　E2　　以写的文件打开文件 out. txt,文件指针为 fp2

　　E3　　不断从 fp1 中读,每次读一个字符,如果读成功的话,就将该字符写入 fp2

　　E4　　关闭两个文件流

(3)源程序

```
/*
程序名:ex9_3_1.cpp
功能:将 in.txt 复制为 out.txt 文件
*/
#include <stdio.h>
int main()
{
    FILE *fp1,*fp2;
    if ((fp1=fopen("in.txt","r"))= =NULL)
    {
        printf("can not open the file\n");
        return 0;
    }
    if ((fp2=fopen("out.txt","w"))= =NULL)
    {
        printf("can not open the file\n");
        return 0;
    }
    char ch;
    while(fscanf(fp1,"%c",&ch)! =EOF)
        fprintf(fp2,"%c",ch);
    fclose(fp1);
    fclose(fp2);
    return 0;
}
```

(4)思考

①本例中,使用 fscanf()函数读一个字符,读者可以尝试用 fgetc()函数和 fputc()函数来改写程序,这两个函数的函数原型可参看 C++ 帮助文件。

②本例中,没有用 feof()函数来判断文件是否结束,请读者用 feof()函数改写程序。

9.3.2　将学生信息写入二进制文件并读出文件内容

(1)问题描述

学生信息包括学号、姓名、出生日期和数学、英语课程的成绩和总成绩。输入 n 个学生的信息,计算每个学生的总成绩并输出每个学生的信息。先将这些学生信息写入到二进制文件 in.dat 中,再从 in.dat 中读出所有学生信息,并输出。

输入 n(100>n>1),然后输入 n 个学生信息。

输入样例:

5

zhangshan 090001 1992 2 12 89 90

zhiaoshi 090002 1993 1 5 67 80

goujing 090003 1992 8 20 95 90

huangwu 090004 1993 2 3 83 74

liuyi 090005 1991 9 23 84 76

输出样例:

zhangshan 090001 1992 2 12 89.00 90.00 179.00

zhiaoshi 090002 1993 1 5 67.00 80.00 147.00

goujing 090003 1992 8 20 95.00 90.00 185.00

huangwu 090004 1993 2 3 83.00 74.00 157.00

liuyi 090005 1991 9 23 84.00 76.00 160.00

(2)问题分析

    E1   输入 n 个学生信息(调用函数)

    E2   以写的形式打开文件 in. txt

    E3   将 n 个学生数据整体写入文件

    E4   关闭文件

    E5   以读的形式打开文件

    E6   将所有数据整体读入数组

    E7   输出 n 个学生信息

    E8   关闭文件

(3)源程序

```
/*
程序名:ex9_3_2.cpp
功能:计算 n 个学生的总成绩,并输出
*/
#include <stdio.h>
#include <string.h>
//结构体定义,学生信息输入输出与例 8_3_1 相同
int main()
{
    FILE *fp1;
    if((fp1=fopen("in.dat","w"))==NULL)   //以写的方式打开文件
    {
        printf("can not open the file\n");
        return 0;
    }
    int n;
    St a[100];
    scanf("%d",&n);
    for(int i=0;i<n;i++)   //读入 n 学生信息
        a[i]=InputSt();
    fwrite(a,sizeof(St),n,fp1);   //将 n 个学生信息写入到 in.dat 文件
    fclose(fp1);
    if((fp1=fopen("in.dat","r"))==NULL)   //以读的方式打开文件 in.dat
    {
```

```
        printf("can not open the file\n");
        return 0;
    }
    fread(a,sizeof(St),n,fp1);  //从文件读入 n 个学生信息
    for(int i=0;i<n;i++)   //输出 n 个学生信息
        PrintSt(a[i]);
    fclose(fp1);
    return 0;
}
```

（4）思考

①如何将学生人数写入到文件？

②读文件时，首先读入学生个数 n，然后输出所有学生信息，请读者自行修改。

③读写文件时，能否逐个将学生信息写入文件或从文件中读出？请修改程序。

9.4　实验案例

9.4.1　平均成绩

（1）问题描述

有 5 个学生，每个学生有 3 门课程的成绩，从键盘输入学生数据（包括学号，姓名，3 门课程成绩），计算出平均成绩，并将原有数据和计算出的平均分数存放在磁盘文件"stu.txt"中。

（2）输入描述

学号 姓名 数学成绩 语文成绩 英语成绩

学号和姓名长度不超过 20，接下来是学生的 3 门课程成绩，均为浮点数，数据之间用空格分开。

（3）输出描述

输出到文件 stu.txt，按照 5 个学生的输入顺序输出，每个学生的数据占一行。每行格式如下：

学号 学生姓名 数学成绩 语文成绩 英语成绩 学生平均成绩

所有成绩都保留一位小数，3 门课程成绩顺序按照输入的顺序输出，数据之间用一个空格分开。

（4）输入样例

```
09110003001 zhangsan 87.5 76.5 77.0
09110003002 lisi 77.0 74.5 73.0
09110003003 wangwu 60.5 69.5 56.5
09110003004 chenbo 76.5 87.5 67.0
09110003005 shunyu 90.5 88.5 87.0
```

（5）输出样例

```
09110003001 zhangsan 87.5 76.5 77.0 80.3
```

```
09110003002 lisi 77.0 74.5 73.0 74.8
09110003003 wangwu 60.5 69.5 56.5 62.2
09110003004 chenbo 76.5 87.5 67.0 77.0
09110003005 shunyu 90.5 88.5 87.0 88.7
```

9.4.2　小写转大写

（1）问题描述

从键盘输入一个字符串，将其中的小写字母全部转换成大写字母，然后输出到一个磁盘文件"out.txt"中保存。输入的字符串以"!"结束。

（2）输入描述

输入只有一行，该行的字符数目不超过 100。

（3）输出描述

把小写字母转换为大写字母后输出到文件"out.txt"。

（4）输入样例

```
hello world!
```

（5）输出样例

```
HELLO WORLD!
```

9.4.3　文件合并

（1）问题描述

有两个磁盘文件"in1.txt"和"in2.txt"，各存放一行字母。现要求把这两个文件中的信息合并（按 ASCII 顺序码排列），输出到一个新文件"out.txt"中去。

（2）输入描述

在程序所在目录下有两个文件 in1.txt 和 in2.txt（如果没有请自己创建），in1.txt 中有一行文本，in2.txt 中也有一行文本。

（3）输出描述

合并 in1.txt 和 in2.txt 中的文本（按 ASCII 码顺序排列）保存到 out.txt 中。

（4）输入样例

```
I LOVE CHINA
I LOVE BEIJING
```

（5）输出样例

```
ABCEEEGHIIIIIJLLNNOOVV
```

9.4.4　成绩排序

（1）问题描述

文件 in.txt 中有 5 行数据，每行为一个学生的数据，格式如下：

学号 姓名 数学成绩 语文成绩 英语成绩

学号和姓名长度不超过 20，3 门课程的成绩为浮点数。算出每个学生的平均分并按照平均分从小到大排序，将排序好的数据输出到文件 out.txt 中。每个学生的信息占一行，每行的格式如下：

学号 姓名 数学成绩 语文成绩 英语成绩 平均成绩

数据之间用一个空格分开。3 门课程的成绩和平均成绩均保留一位小数。

(2)输入描述

输入文件为 in. txt,文件中有 5 行数据,每行的数据如下:

学号 姓名 数学成绩 语文成绩 英语成绩

学号和姓名长度不超过 20,接下来是学生的 3 门课程成绩,均为浮点数,数据之间用空格分开。

(3)输出

输出到文件 out. txt,按照 5 个学生的平均成绩从低到高的顺序输出。每个学生的数据占一行。每行格式如下:

学号 学生姓名 数学成绩 语文成绩 英语成绩 平均成绩

所有成绩都保留一位小数,数据之间用一个空格分开。

(4)输入样例

```
09110003001 zhangsan 87.5 76.5 77.0
09110003002 lisi 77.0 74.5 73.0
09110003003 wangwu 60.5 69.5 56.5
09110003004 chenbo 76.5 87.5 67.0
09110003005 shunyu 90.5 88.5 87.0
```

(5)输出样例

```
09110003003 wangwu 60.5 69.5 56.5 62.2
09110003002 lisi 77.0 74.5 73.0 74.8
09110003004 chenbo 76.5 87.5 67.0 77.0
09110003001 zhangsan 87.5 76.5 77.0 80.3
09110003005 shunyu 90.5 88.5 87.0 88.7
```

9.4.5　比较两个文本文件

(1)问题描述

比较两个文本文件的内容是否相同。

(2)输入描述

在程序文件夹下,建立两个文本文件,分别为 in1. txt 和 in2. txt,由读者输入相关内容。

(3)输出描述

如果两个文件的内容完全相同,则输出"YES",否则输出"NO"。

(4)输入样例

```
文件 1:wenzhou university,1933.
文件 2:wenzhou,Zhejiang,China.
```

(5)输出样例

```
NO
```

第 10 章

位运算

10.1　实验目的

通过本章实验,要求:
①掌握位运算符;
②掌握位运算符的应用。

10.2　基本知识

10.2.1　位运算符

位运算符是对正整数的某一位或几位进行操作,主要的运算符见表 $10-1$。

表 10 - 1　位运算符

运　算　符	名　　称
&	按位与
|	按位或
^	按位异或
~	取反
<<	左移
>>	右移

10.2.2 位运算符计算规则

以 8 位表示一个整数为例说明位运算的计算规则(见表 10 - 2)。

表 10 - 2　位运算符的计算规则

操作数 a	运算符	操作数 b	结果	说明
0011 0011	&	0000 1111	0000 0011	部分清零,高 4 位为 0
0011 0011	|	0000 1111	0011 1111	部分为 1,低 4 位为 1
00000011	ˆ	00000101	0000 0110	
00000011	~		1111 1100	
00000011	<<	2	0000 1100	相当于乘以 2,超过位则溢出
00000011	>>	2	0000 0000	相当于除以 2

10.3　典型案例及分析

10.3.1　输出整数的每一位二进制数

(1)问题描述

对一个整数 a(32 位),从低位到高位顺序输出每一位的值(最右端是第 0 位)。输入数据有多组,每组占一行,由一个整数组成。对于每组输入数据,输出一行。

输入样例:

3

-1

5

255

输出样例:

11111111111111111111111111111111

10100000000000000000000000000000

11111111000000000000000000000000

(2)问题分析

①题中仅要求输入一个整数,可能是正整数,也可能是负整数。对于正整数,左移和右移都填充 0;对于负整数,右移运算时,最左边填充的可能是 1,也有可能是 0。因此先须将整数转换为无符号的整数。

②从低位到高位依次输出每位,只要 x&1,就是最右端的一位,随后,将 x=x>>1,循环 32 次就可以输出整数的每一位。

(3)源程序

```
/*
程序名:ex10_3_1.cpp
功能:输出整数的每一位
```

```
*/
/*
Slove()输出整数的每一位
参数:int x
返回值:无
* /
#include <stdio.h>
void Slove(unsigned int x)
{
    int t=1;
    int i;
    for(i=0;i<32;i+ + )
    {
            printf("%d",x&t);
            x=x>>1;
    }
    printf("\n");
}
int main()
{
    int i,n;
    scanf("%d",&n);
    for(i=1;i<=n;i+ + )
    {
        int x;
        scanf("%d",&x);
        Slove(x);
    }
    return 0;
}
```

(4)思考

①通过对负数的二进制数的输出,进一步认识负数在计算机中的表示方法。

②在 Slove()函数中,也可以将每一位数存入字符数组,然后再将数组倒序输出,即为整数在计算机中的表示。

10.3.2　将一个正整数的低 n 位设置为 0

(1)问题描述

对一个非负整数 a(a≥0),将其右端的 n(0<n<32)位设置为 0。输入数据有多组,每组占一行,由一个整数和位数组成。对于每组输入数据,输出一行。

输入样例:

2

15 2

511 4

输出样例：

12

496

（2）问题分析

将一个正整数的低 n 位设置为 0，关键是要构造这样一个数 t，t 的低 n 位为 0，其他各位为 1。只要将 x&t，即可设置 x 的低 n 为 0，其他位不变。

```
t=(~0)<<(m);
```

（3）源代码

```
#include <stdio.h>
/*
程序名:ex10_3_2.cpp
功能:将正整数的低 n 位设置为 0
*/
int main()
{
    int i,n;
    scanf("%d",&n);
    for(i=1;i<=n;i+ + )
    {
        int x,m;
        scanf("%d%d",&x,&m);
        int t;
        t=(~0)<<(m);
        printf("%d\n",x&t);
    }
    return 0;
}
```

（4）思考

与上一题相结合，先输出整数的每一位，然后输出将低 n 位设置为 0 的整数的每一位，对比两个数，体会按位与的运算规则。

10.4   实验案例

10.4.1   位操作（Ⅰ）

（1）问题描述

对一个非负整数 $a(0 \leqslant a \leqslant 65535)$，取其从右端开始的第 4～7 位（最右端是第 0 位）。

（2）输入描述

输入数据有多组，每组占一行，由一个整数组成。

(3)输出描述

对于每组输入数据,输出一行。

(4)输入样例

> 4
>
> 80
>
> 1234

(5)输出样例

> 0
>
> 5
>
> 13

10.4.2　位操作(Ⅱ)

(1)问题描述

给定一个整数 x,可以得到 x 的二进制表示,在 x 的二进制表示中,最右边的位记为第 0 位,然后往左依次是第 1 位,第 2 位……

请设计一个 getbits(x,p,n)函数,它返回整数 x 的二进制表示中从右边数第 p 位开始再向右数 n 位的字段。n 与 p 都是合理的正值。

例如,getbits(18,5,2)返回 1。

因为 18 的二进制表示如下:

二进制:0 1 0 0 1 0

位编号:5 4 3 2 1 0

则右边起第 5 位开始往右 2 位分别为第 5 位和第 4 位,对应的二进制为 01(对应十进制是 1)。

(2)输入描述

输入数据有多组。每组第一行,是一个整数 $x(0 \leqslant x \leqslant 65535)$;第二行是两个整数 p,n,它们以空格隔开,表示从右边数第 p 位开始向右数 n 位。

(3)输出描述

对于每组输入数据,输出一行。

(4)输入样例

> 18
>
> 5 2
>
> 24
>
> 4 3

(5)输出样例

> 1
>
> 6

10.4.3　循环移位

(1)问题描述

给出两个不大于 65535 的非负整数,判断其中一个的 16 位二进制表示形式,是否能由另一个的 16 位二进制表示形式经过循环左移若干位而得到。

循环左移和普通左移的区别在于:最左边的那一位经过循环左移一位后就会被移到最右边去。比如:

1011 0000 0000 0001 经过循环左移一位后,变成 0110 0000 0000 0011,经过循环左移 2 位后,则变成 1100 0000 0000 0110。

(2)输入描述

第一行是个整数 n(0＜n＜300000),表示后面还有 n 行数据。后面是 n 行,每行有两个不大于 65535 的非负整数。

(3)输出描述

对于每组测试数据,输出一行,内容为 YES 或 NO。

(4)输入样例

    4
    2 4
    9 18
    45057 49158
    7 12

(5)输出样例

    YES
    YES
    YES
    NO

第 11 章

C 语言综合应用

通过前面一系列的学习,学生基本上掌握了 C 语言的语法以及简单问题的编程。本章进入 C 语言学习的高级阶段,主要通过一些较复杂问题的编程,重点加深对 C 语言的指针的理解与应用,包括指针、指向结构体数据类型的指针、返回指针的函数、用 C 语言实现链表及应用的实现;通过游戏程序的设计,如贪吃蛇、扫雷、老鼠走迷宫等趣味性程序设计,理解软件设计的过程,进一步掌握结构化程序设计的方法。

11.1　基于链表的学生信息管理系统设计及实现

11.1.1　基本知识

(1)单向链表的基本概念

链表(linked list)是一组被称为节点(node)的自引用结构体的线性排列(见图 10 - 1)。这些节点通过一个被称为链(link)的指针联结在一起。

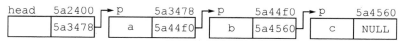

图 10 - 1　单向链表结构

链表的特点为:

①每个节点包含两部分,一是数据,可以是基本数据、也可以是任何结构体类型的数据;二是指向节点类型的指针。

节点的数据类型定义:

```
typedef struct studentLink
{
    ElemTypeData；  //数据域
    struct studentLink *next；  //指针域
}STLINK;
```

②对链表的访问,是通过指向链表的第一个节点的指针来实现的。

③对后继节点的访问，则要通过存储在每一个节点内部的指针成员来实现。

④链表的最后一个节点，一般将指针设置为 NULL，以表示链表结束。

⑤数据是动态存储在链表中的，任何一个节点只是在需要时才被创建。

（2）动态分配内存

由于链表中的每个节点都是需要时才创建的，因此每次都要申请内存空间。

```
STLINK *p;
p=(STLINK * )malloc(sizeof(STLINK));
```

malloc()函数和 sizeof()函数的说明可参阅帮助文件。

（3）单向链表的初始化

根据单向链表的定义，每个链表都要有一个指向第一个节点的指针（head）。单向链表的初始化，实质是为 head 申请内存空间，并将其指针指向设置为 NULL。

```
STLINK *Init()
{
    STLINK *head;
    head=(STLINK * )malloc(sizeof(STLINK));
    head->next=NULL;
    return head;
}
```

也可以用带参数的函数实现，请读者自行完成。

```
void Init(STLINK * *head)
```

（4）单向链表的遍历

单向链表遍历指按顺序访问链表中的每一个节点。根据单向链表的定义，设计函数如下：

```
void ListStinfo(STLINK *head)
{
    STLINK *p;
    p=head->next;
    while(p! =NULL)
    {
        //节点处理语句
        p=p->next;
    }
}
```

（5）单向链表的插入

根据单向链表的定义，每个节点的插入分为头插法和尾插法。所谓尾插法，即将新节点插入到链表最后一个节点的后面，并将其指针指向设置为 NULL。所谓头插法，即将每个新节点插入到头（head）的后面。这两种方法各有特点，在应用时各有优缺点，对于队列和栈的应用时，请选择合适的插入方法。尾插法插入节点的函数如下：

```
void InsertStinfo(STLINK *head,ElemType x)  //将 x 插入到链表中
{
    STLINK *plast,*p;
```

```
        plast=FindLast(head);  //查找链表的最后一个节点
        p=（STLINK * )malloc(sizeof(STLINK));
        plast->next=p;
        p->Elem=x;
        p->next=NULL;
    }
```

11.1.2　基于链表的学生信息管理系统

（1）学生信息

学生信息由学号,姓名,性别,出生日期（年、月、日）,语文成绩,数学成绩,英语成绩,平均分和总分构成。学号、姓名长度不超过 20。

（2）输出学生信息

输出格式:学号,姓名,性别,年,月,日,语文成绩,数学成绩,英语成绩,平均成绩,总成绩,中间由一个空格分开,所有成绩保留 1 位小数。

（3）插入学生信息

命令格式:

Insert id name sex year month day x y z

当待插入的学号在链表中没有出现过,则将学生信息插入到链表中,并输出学生信息,否则插入不成功,输出"Failed"。

（4）显示所有学生信息

命令格式:

List

按最近一次排序顺序输出所有学生信息。

（5）查找学生信息

命令格式:

Find id

查找学号为 id 的学生,如果查找成功,输出学生信息,否则输出"Failed"。

（7）修改学生信息

命令格式:

Change id name sex year month day x y z

修改学生信息,如果修改成功,输出修改后的学生信息,否则输出"Failed"。

（6）删除学生信息

命令格式:

Delete id

删除学号为 id 的学生信息,如果删除成功,输出"Deleted",否则输出"Failed"。

（8）读入学生信息

命令格式:

Load filename

从 filename 的文件中读入学生信息,如果读入成功,输出所有学生的信息,否则输出"Failed"。

（9）写入学生信息

命令格式：

Save filename

以文本形式将学生信息写入到 filename 的文件中，如果写入成功，则输出"Ok"，否则输出"Failed"。

（10）退出程序

命令格式：

Quit

输出"Good bye!"后结束程序。

11.1.3　动态链表：插入节点

（1）问题描述

请设计一个简单的学生成绩管理系统，要求系统实现以下功能：

①插入一个学生的信息；

②插入学生信息：

Insert id name sex year month day x y z

其中的参数分别为学号，姓名，性别，出生日期（年、月、日），3 门课程的成绩，成绩为浮点数；

③退出程序：

Quit 或者 Exit

（2）输入描述

输入有多行，每行一条指令，指令格式如下：

Insert id name sex year month day x y z

插入学生信息，分别为学号，姓名，性别，出生日期（年、月、日）和三门课程（语文、数学、英语）的成绩。

Quit 或者 Exit

输出"Good bye!"后结束程序。

（3）输出描述

输出有多行，对应命令的输出如下：

Insert id name sex year month day x y z

插入后在单独的一行中输出"Insert:"，然后在第二行中显示学生信息，格式：

id name sex year month day x y z ave sum

其中的参数分别为学号，姓名，性别，出生日期（年、月、日）和三门课程（语文、数学、英语）的成绩，平均成绩和总成绩，数据之间用一个空格分开，成绩保留 1 位小数。

Quit 或者 Exit

在单独一行中输出"Good bye!"后结束程序。

（4）输入样例

```
Insert 0911001 zhangsan  F 1992 3 24 87 78 65
Insert 0911003 Lisi  F 1992 5 3 77 72 55
Insert 0911005 Wangrong  F 1990 12 12 68 56 100
```

```
Insert 0911004 Wangwu   F 1991 9 2 68 56 95
Quit
```

(5)输出样例

```
Insert:
0911001 zhangsan F 1992 3 24 87.0 78.0 65.0 76.7 230.0
Insert:
0911003 Lisi F 1992 5 3 77.0 72.0 55.0 68.0 204.0
Insert:
0911005 Wangrong F 1990 12 12 68.0 56.0 100.0 74.7 224.0
Insert:
0911004 Wangwu F 1991 9 2 68.0 56.0 95.0 73.0 219.0
Good bye!
```

11.1.4　动态链表:输出学生信息

(1)问题描述

请设计一个简单的学生成绩管理系统,要求系统实现以下功能:

①插入一个学生的信息;

②插入学生信息:

```
Insert id name sex year month day x y z
```

其中的参数分别为学号,姓名,性别,出生日期(年、月、日),三门课程的成绩,成绩为浮点数;

③按最近排序顺序输出学生信息:

```
List
```

④退出程序:

```
Quit 或者 Exit
```

要求:

①编写初始化链表的函数:

```
STLINK *Init(){ }
```

或用带参数的初始函数;

②单个学生信息的输入和输出用上节编写的函数;

③编写链表插入节点函数:

```
void InsertStinfo(STLINK *head,ElemType x){ }
```

④编写链表输出函数:

```
void ListStinfo(STLINK *head){ }
```

(2)输入描述

输入有多行,每行一条指令,指令格式如下:

```
Insert id name sex year month day x y z
```

其中的参数分别为学号,姓名,性别,出生日期(年、月、日),三门课程的成绩,成绩为浮点数。

```
List
```

按最近一次的排序结果输出所有学信息。

`Quit` 或者 `Exit`

输出"Good bye!"后结束程序。

(3)输出描述

输出有多行,对应命令的输出如下:

`Insert id name sex year month day x y z`

插入后在单独的一行中输出"Insert:",然后在第二行中显示学生信息,格式:

`id name sex year month day x y z ave sum`

分别为学号,姓名,性别,出生日期(年、月、日),三门课程(语文、数学、英语)的成绩,平均成绩和总成绩,数据之间用一个空格分开,成绩保留 1 位小数。

`List`

输出"List:"后,按最近一次排序的顺序输出所有学生的信息,格式与插入学生信息后输出的格式相同。

`Quit` 或者 `Exit`

在单独一行中输出"Good bye!"后结束程序。

(4)输入样例

```
Insert 0911001 zhangsan F 1992 3 24 87 78 65
Insert 0911003 Lisi F 1992 5 3 77 72 55
Insert 0911005 Wangrong F 1990 12 12 68 56 100
Insert 0911004 Wangwu F 1991 9 2 68 56 95
List
Quit
```

(5)输出样例

```
Insert:
0911001 zhangsan F 1992 3 24 87.0 78.0 65.0 76.7 230.0
Insert:
0911003 Lisi F 1992 5 3 77.0 72.0 55.0 68.0 204.0
Insert:
0911005 Wangrong F 1990 12 12 68.0 56.0 100.0 74.7 224.0
Insert:
0911004 Wangwu F 1991 9 2 68.0 56.0 95.0 73.0 219.0
List:
0911001 zhangsan F 1992 3 24 87.0 78.0 65.0 76.7 230.0
0911003 Lisi F 1992 5 3 77.0 72.0 55.0 68.0 204.0
0911005 Wangrong F 1990 12 12 68.0 56.0 100.0 74.7 224.0
0911004 Wangwu F 1991 9 2 68.0 56.0 95.0 73.0 219.0
Good bye!
```

11.1.5 动态链表:查找学生信息

(1)问题描述

请设计一个简单的学生成绩管理系统,要求系统实现以下功能:

①插入一个学生的信息;

②插入学生信息：

Insert id name sex year month day x y z

其中的参数分别为学号，姓名，性别，出生日期(年、月、日)，三门课程的成绩，成绩为浮点数；

③按最近排序顺序输出学生信息：

List

④查找学生信息：

Find id

查找学号为 id 的学生信息；

退出程序：

Quit 或者 Exit

要求：

编写查找学生信息函数：

struct studentLink * findStudent(struct studentLink *head,char *strNumber)

{

　　//找到,返回指针 p,找不到,返回 NULL

}

(2)输入描述

输入有多行，每行一条指令，指令格式如下：

Insert id name sex year month day x y z

其中的参数分别为学号，姓名，性别，出生日期(年、月、日)，三门课程的成绩，成绩为浮点数。

List

按最近一次的排序结果输出所有学信息。

Find id

查找学号为 id 的学生信息。

Quit 或者 Exit

输出"Good bye!"后结束程序。

(3)输出描述

输出有多行，对应命令的输出如下：

Insert id name sex year month day x y z

插入后在单独的一行中输出"Insert:"，如果链表中不存在相同学号的学生信息，在第二行中显示学生信息，格式：

id name sex year month day x y z ave sum

其中的参数分别为学号，姓名，性别，出生日期(年、月、日)和三门课程(语文、数学、英语)的成绩，平均成绩和总成绩，数据之间用一个空格分开，成绩保留 1 位小数。否则，输出"Failed"。

List

输出"List:"后，按最近一次排序的顺序输出所有学生的信息，格式与插入学生信息后输出的格式相同。

Find id

第一行显示"Find："，第二行显示格式如下：

如果找到学号为 id 的学生，则在单独一行中显示学生信息，格式如 List，否则在单独一行中显示"Failed"。

Quit 或者 Exit

在单独一行中输出"Good bye!"后结束程序。

（4）输入样例

```
Insert 0911001 zhangsan F 1992 3 24 87 78 65
Insert 0911003 Lisi F 1992 5 3 77 72 55
List
Find 0911002
Find 0911003
Insert 0911001 zhangou M 1992 3 24 98 78 65
Insert 0911002 zhaoliu F 1993 8 8 97 90 55
Insert 0911005 Wangrong F 1990 12 12 68 56 100
Quit
```

（5）输出样例

```
Insert:
0911001 zhangsan F 1992 3 24 87.0 78.0 65.0 76.7 230.0
Insert:
0911003 Lisi F 1992 5 3 77.0 72.0 55.0 68.0 204.0
List:
0911001 zhangsan F 1992 3 24 87.0 78.0 65.0 76.7 230.0
0911003 Lisi F 1992 5 3 77.0 72.0 55.0 68.0 204.0
Find:
Failed
Find:
0911003 Lisi F 1992 5 3 77.0 72.0 55.0 68.0 204.0
Insert:
Failed
Insert:
0911002 zhaoliu F 1993 8 8 97.0 90.0 55.0 80.7 242.0
Insert:
0911005 Wangrong F 1990 12 12 68.0 56.0 100.0 74.7 224.0
Good bye!
```

11.1.6 动态链表：修改学生信息

（1）问题描述

请设计一个简单的学生成绩管理系统，要求系统实现以下功能：

①插入一个学生的信息；

②插入学生信息：

Insert id name sex year month day x y z

其中的参数分别为学号,姓名,性别,出生日期(年、月、日),三门课程的成绩,成绩为浮点数;

③按最近排序顺序输出学生信息:

List

④查找学生信息:

Find id

查找学号为 id 的学生信息;

⑤修改学生信息:

Change id newname,newsex,newyear,newmonth,newday,newx,newy,newz

把学号为 id 的学生信息修改为 newname,newsex,newyear,newmonth,newday,newx,newy,newz(学号保持不变);

⑥退出程序:

Quit 或者 Exit

(2)输入描述

输入有多行,每行一条指令,指令格式如下:

Insert id name sex year month day x y z

其中的参数分别为学号,姓名,性别,出生日期(年、月、日),三门课程的成绩,成绩为浮点数。

List

按最近一次的排序结果输出所有学信息。

Find id

查找学号为 id 的学生信息。

Change id newname,newsex,newyear,newmonth,newday,newx,newy,newz

把学号为 id 的学生信息修改为 newname,newsex,newyear,newmonth,newday,newx,newy,newz(学号保持不变)。

Quit 或者 Exit

输出"Good bye!"后结束程序。

(3)输出描述

输出有多行,对应命令的输出如下:

Insert id name sex year month day x y z

插入后在单独的一行中输出"Insert:",如果链表中不存在相同学号的学生信息,在第二行中显示学生信息,格式:

id name sex year month day x y z ave sum

其中的参数分别为学号,姓名,性别,出生日期(年、月、日)和三门课程(语文、数学、英语)的成绩,平均成绩和总成绩,数据之间用一个空格分开,成绩保留 1 位小数。否则,输出"Failed"。

List

输出"List:"后,按最近一次排序的顺序输出所有学生的信息,格式与插入学生信息后输出的格式相同。

Find id

第一行显示"Find："，第二行显示格式如下：

如果找到学号为 id 的学生，则在单独一行中显示学生信息，格式如 List。否则在单独一行显示"Failed"。

Change id newname,newsex,newyear,newmonth,newday,newx,newy,newz

第一行显示"Change："。如果链表中不存在学号为 id 的学生，显示"Failed"。否则修改该学生信息并在单独一行中显示该生信息，显示格式如 List 命令。

Quit 或者 Exit

在单独一行中输出"Good bye!"后结束程序。

（4）输入样例

```
Insert 0911001 zhangsan F 1992 3 24 87 78 65
Insert 0911003 Lisi F 1992 5 3 77 72 55
Insert 0911002 zhaoliu F 1993 8 8 97 90 55
List
Insert 0911001 zhangou M 1992 3 24 98 78 65
Change 0911002 zhaoliu M 1990 9 9 90 91 92
Change 0911005 zhaoliu M 1990 9 9 90 91 92
Insert 0911005 Wangrong F 1990 12 12 68 56 100
Find 0911002
Insert 0911004 Wangwu F 1991 9 2 68 56 95
List
Quit
```

（5）输出样例

```
Insert:
0911001 zhangsan F 1992 3 24 87.0 78.0 65.0 76.7 230.0
Insert:
0911003 Lisi F 1992 5 3 77.0 72.0 55.0 68.0 204.0
Insert:
0911002 zhaoliu F 1993 8 8 97.0 90.0 55.0 80.7 242.0
List:
0911001 zhangsan F 1992 3 24 87.0 78.0 65.0 76.7 230.0
0911003 Lisi F 1992 5 3 77.0 72.0 55.0 68.0 204.0
0911002 zhaoliu F 1993 8 8 97.0 90.0 55.0 80.7 242.0
Insert:
Failed
Change:
0911002 zhaoliu M 1990 9 9 90.0 91.0 92.0 91.0 273.0
Change:
Failed
Insert:
0911005 Wangrong F 1990 12 12 68.0 56.0 100.0 74.7 224.0
Find:
0911002 zhaoliu M 1990 9 9 90.0 91.0 92.0 91.0 273.0
```

Insert:

0911004 Wangwu F 1991 9 2 68.0 56.0 95.0 73.0 219.0

List:

0911001 zhangsan F 1992 3 24 87.0 78.0 65.0 76.7 230.0

0911003 Lisi F 1992 5 3 77.0 72.0 55.0 68.0 204.0

0911002 zhaoliu M 1990 9 9 90.0 91.0 92.0 91.0 273.0

0911005 Wangrong F 1990 12 12 68.0 56.0 100.0 74.7 224.0

0911004 Wangwu F 1991 9 2 68.0 56.0 95.0 73.0 219.0

Good bye!

11.1.7　动态链表：删除学生信息

（1）问题描述

请设计一个简单的学生成绩管理系统，要求系统实现以下功能：

①插入一个学生的信息；

②插入学生信息：

Insert id name sex year month day x y z

其中的参数分别为学号，姓名，性别，出生日期（年、月、日），三门课程的成绩，成绩为浮点数；

③按最近排序顺序输出学生信息：

List

④查找学生信息：

Find id

查找学号为 id 的学生信息；

⑤修改学生信息：

Change id newname,newsex,newyear,newmonth,newday,newx,newy,newz

把学号为 id 的学生信息修改为 newname,newsex,newyear,newmonth,newday,newx,newy,newz（学号保持不变）；

⑥删除学生信息：

Delete id

删除学号为 id 的学生信息；

⑦退出程序：

Quit 或者 Exit

（2）输入描述

输入有多行，每行一条指令，指令格式如下：

Insert id name sex year month day x y z

其中的参数分别为学号，姓名，性别，出生日期（年、月、日），三门课程的成绩，成绩为浮点数。

List

按最近一次的排序结果输出所有学信息。

Find id

查找学号为 id 的学生信息。

Change id newname,newsex,newyear,newmonth,newday,newx,newy,newz

把学号为 id 的学生信息修改为 newname,newsex,newyear,newmonth,newday,newx, newy,newz(学号保持不变)。

Delete id

删除学号为 id 的学生信息。

Quit 或者 Exit

输出"Good bye!"后结束程序。

(3)输出描述

输出有多行,对应命令的输出如下:

Insert id name sex year month day x y z

插入后在单独的一行中输出"Insert:",如果链表中不存在相同学号的学生信息,在第二行中显示学生信息,格式:

id name sex year month day x y z ave sum

其中的参数分别为学号,姓名,性别,出生日期(年、月、日)和三门课程(语文、数学、英语)的成绩,平均成绩和总成绩,数据之间用一个空格分开,成绩保留 1 位小数。否则,输出"Failed"。

List

输出"List:"后,按最近一次排序的顺序输出所有学生的信息,格式与插入学生信息后输出的格式相同。

Find id

第一行显示"Find:",第二行显示格式如下:

如果找到学号为 id 的学生,则在单独一行中显示学生信息,格式如 List。否则在单独一行中显示"Failed"。

Change id newname,newsex,newyear,newmonth,newday,newx,newy,newz

第一行显示"Change:"。如果链表中不存在学号为 id 的学生,显示"Failed"。否则修改该学生信息并在单独一行中显示该生信息,显示格式如 List 命令。

Delete id

第一行显示"Delete:"。如果链表中不存在学号为 id 的学生,显示"Failed"。否则删除该学生信息并在单独一行中显示"Deleted"。

Quit 或者 Exit

在单独一行中输出"Good bye!"后结束程序。

(4)输入样例

Insert 0911001 zhangsan F 1992 3 24 87 78 65
Insert 0911003 Lisi F 1992 5 3 77 72 55
Find 0911002
Find 0911003
Insert 0911002 zhaoliu F 1993 8 8 97 90 55
List
Insert 0911001 zhangou M 1992 3 24 98 78 65
Change 0911002 zhaoliu M 1990 9 9 90 91 92
Change 0911005 zhaoliu M 1990 9 9 90 91 92

```
Delete 0911001
List
Delete 0911006
Insert 0911005 Wangrong F 1990 12 12 68 56 100
Find 0911002
Insert 0911004 Wangwu F 1991 9 2 68 56 95
Quit
```

（5）输出样例

```
Insert:
0911001 zhangsan F 1992 3 24 87.0 78.0 65.0 76.7 230.0
Insert:
0911003 Lisi F 1992 5 3 77.0 72.0 55.0 68.0 204.0
Find:
Failed
Find:
0911003 Lisi F 1992 5 3 77.0 72.0 55.0 68.0 204.0
Insert:
0911002 zhaoliu F 1993 8 8 97.0 90.0 55.0 80.7 242.0
List:
0911001 zhangsan F 1992 3 24 87.0 78.0 65.0 76.7 230.0
0911003 Lisi F 1992 5 3 77.0 72.0 55.0 68.0 204.0
0911002 zhaoliu F 1993 8 8 97.0 90.0 55.0 80.7 242.0
Insert:
Failed
Change:
0911002 zhaoliu M 1990 9 9 90.0 91.0 92.0 91.0 273.0
Change:
Failed
Delete:
Deleted
List:
0911003 Lisi F 1992 5 3 77.0 72.0 55.0 68.0 204.0
0911002 zhaoliu M 1990 9 9 90.0 91.0 92.0 91.0 273.0
Delete:
Failed
Insert:
0911005 Wangrong F 1990 12 12 68.0 56.0 100.0 74.7 224.0
Find:
0911002 zhaoliu M 1990 9 9 90.0 91.0 92.0 91.0 273.0
Insert:
0911004 Wangwu F 1991 9 2 68.0 56.0 95.0 73.0 219.0
Good bye!
```

11.1.8 动态链表:学生信息排序

(1)问题描述

请设计一个简单的学生成绩管理系统,要求系统实现以下功能:

①插入一个学生的信息;

②插入学生信息:

Insert id name sex year month day x y z

其中的参数分别为学号,姓名,性别,出生日期(年、月、日),三门课程的成绩,成绩为浮点数;

③按最近排序顺序输出学生信息:

List

④查找学生信息:

Find id

查找学号为 id 的学生信息;

⑤修改学生信息:

Change id newname,newsex,newyear,newmonth,newday,newx,newy,newz

把学号为 id 的学生信息修改为 newname,newsex,newyear,newmonth,newday,newx,newy,newz(学号保持不变);

⑥删除学生信息:

Delete id

删除学号为 id 的学生信息;

⑦按学号从小到大排序:

Sort byid

⑧按性名从小到大排序:

Sort byname

⑨按总成绩从小到大排序:

Sort bysum

⑩退出程序:

Quit 或者 Exit

(2)输入描述

输入有多行,每行一条指令,指令格式如下:

Insert id name sex year month day x y z

其中的参数分别为学号,姓名,性别,出生日期(年、月、日),三门课程的成绩,成绩为浮点数。

List

按最近一次的排序结果输出所有学信息。

Find id

查找学号为 id 的学生信息。

Change id newname,newsex,newyear,newmonth,newday,newx,newy,newz

把学号为 id 的学生信息修改为 newname,newsex,newyear,newmonth,newx,

newy,newz(学号保持不变)。

　　　　Delete id

　　删除学号为 id 的学生信息。

　　　　Sort byid

　　按学号从小到大排序并输出。

　　　　Sort byname

　　按姓名从小到大排序并输出。

　　　　Sort bysum

　　按总成绩从小到大排序并输出。

　　　　Quit 或者 Exit

　　输出"Good bye!"后结束程序。

　　(3)输出描述

　　输出有多行,对应命令的输出如下:

　　Insert id name sex year month day x y z

　　插入后在单独的一行中输出"Insert:",如果链表中不存在相同学号的学生信息,在第二行中显示学生信息,格式:

　　id name sex year month day x y z ave sum

　　其中的参数分别为学号,姓名,性别,出生日期(年、月、日)和三门课程(语文、数学、英语)的成绩,平均成绩和总成绩,数据之间用一个空格分开,成绩保留 1 位小数。否则,输出"Failed"。

　　　　List

　　输出"List:"后,按最近一次排序的顺序输出所有学生的信息,格式与插入学生信息后输出的格式相同。

　　　　Find id

　　第一行显示"Find:",第二行显示格式如下:

　　如果找到学号为 id 的学生,则在单独一行中显示学生信息,格式如 List。否则在单独一行显示"Failed"。

　　　　Change id newname,newsex,newyear,newmonth,newday,newx,newy,newz

　　第一行显示"Change:"。如果链表中不存在学号为 id 的学生,显示"Failed"。否则修改该学生信息并在单独一行中显示该学生信息,显示格式如 List 命令。

　　　　Delete id

　　第一行显示"Delete:"。如果链表中不存在学号为 id 的学生,显示"Failed"。否则删除该学生信息并在单独一行中显示"Deleted"。

　　　　Sort byid

　　按学号从小到大排序并输出。

　　　　Sort byname

　　按姓名从小到大排序并输出。

　　　　Sort bysum

　　按总成绩从小到大排序并输出。

　　输出格式与 List 相同。

Quit 或者 Exit

在单独一行中输出"Good bye!"后结束程序。

(4)输入样例

Insert 0911001 zhangsan F 1992 3 24 87 78 65

Insert 0911003 Lisi F 1992 5 3 77 72 55

Find 0911002

Find 0911003

Insert 0911001 zhangou M 1992 3 24 98 78 65

Insert 0911002 zhaoliu F 1993 8 8 97 90 55

Change 0911002 zhaoliu M 1990 9 9 90 91 92

Change 0911005 zhaoliu M 1990 9 9 90 91 92

Delete 0911001

Delete 0911006

Insert 0911005 Wangrong F 1990 12 12 68 56 100

Find 0911002

Sort byid

Sort bybirthday

Sort bysum

Quit

(5)输出样例

Insert:

0911001 zhangsan F 1992 3 24 87.0 78.0 65.0 76.7 230.0

Insert:

0911003 Lisi F 1992 5 3 77.0 72.0 55.0 68.0 204.0

Find:

Failed

Find:

0911003 Lisi F 1992 5 3 77.0 72.0 55.0 68.0 204.0

Insert:

Failed

Insert:

0911002 zhaoliu F 1993 8 8 97.0 90.0 55.0 80.7 242.0

Change:

0911002 zhaoliu M 1990 9 9 90.0 91.0 92.0 91.0 273.0

Change:

Failed

Delete:

Deleted

Delete:

Failed

Insert:

0911005 Wangrong F 1990 12 12 68.0 56.0 100.0 74.7 224.0

Find:

0911002 zhaoliu M 1990 9 9 90.0 91.0 92.0 91.0 273.0

Sort:

0911002 zhaoliu M 1990 9 9 90.0 91.0 92.0 91.0 273.0

0911003 Lisi F 1992 5 3 77.0 72.0 55.0 68.0 204.0

0911005 Wangrong F 1990 12 12 68.0 56.0 100.0 74.7 224.0

Sort:

0911002 zhaoliu M 1990 9 9 90.0 91.0 92.0 91.0 273.0

0911005 Wangrong F 1990 12 12 68.0 56.0 100.0 74.7 224.0

0911003 Lisi F 1992 5 3 77.0 72.0 55.0 68.0 204.0

Sort:

0911003 Lisi F 1992 5 3 77.0 72.0 55.0 68.0 204.0

0911005 Wangrong F 1990 12 12 68.0 56.0 100.0 74.7 224.0

0911002 zhaoliu M 1990 9 9 90.0 91.0 92.0 91.0 273.0

Good bye!

11.2　银行排队系统设计

(1)问题描述

目前,银行业务繁忙,一般都采用排队系统,以提高管理效率和更好地服务客户。假如你是银行的信息管理员,请设计该系统。

银行的客户群:银行的客户有普通客户和 VIP 客户,VIP 客户有一项特权,即到银行办理业务时,比普通客户有优先权,即使比普通客户迟到银行,但可以排在所有普通客户前面、所有的 VIP 客户后面办理业务。

IN 命令:表示有一客户来办理业务,参数 id 表示客户的银行卡编号的后 7 位,参数 type 表示客户类型。

客户编号:是指当天所有客户的顺序编号,普通客户和 VIP 客户一起按顺序编号,从 1 开始。

等待的人数:表示在该客户之前已经有多少人在等待办理业务,VIP 客户的等待人数为已经排队的 VIP 的总人数,普通客户的等待人数为所有 VIP 客户和普通客户的总人数。

NEXT 命令:表示下一个服务的客户。

LIST:输出所有待服务的客户。

QUIT:结束程序

要求:用指针来设计队列。

(2)输入描述

输入有多行,每行表示一项服务:

IN　id　type

表示有一客户来办理业务,id 为客户银行卡编号后 7 位,type 为客户类型,有 VIP 和 ordinary 两类。

NEXT

表示下一个服务客户,VIP 客户优先服务,并从排队的队列中删除该客户。

LIST

输出所有排队的客户,先输出 VIP 客户,然后输出普通客户。

QUIT

退出系统。

(3)输出描述

IN id type 命令输入后输出:

IN:

no id type number

分别表示客户顺序号、客户银行卡编号后 7 位、客户类型、需等待的人数。客户顺序号为从 1 开始的连续编号,需等待的人数,对于 VIP 客户为已排队的 VIP 客户的总数,对于普通客户为所有排队客户的总数。

NEXT:

id type

分别表示客户银行卡编号的后 7 位和客户类型,VIP 客户优先输出,如果没有客户排队,则输出"Failed"。

LIST:

输出所有排队的客户,VIP 客户先输出,然后为普通客户,输出格式与 IN 命令相同。

QUIT

输出"Good Bye!"后,程序结束。

(4)输入样例

```
IN 1000001 Ordinary

IN 2000003 VIP

LIST

NEXT

NEXT

IN 1000007 Ordinary

NEXT

NEXT

IN 1000101 Ordinary

IN 2000005 VIP

IN 1000201 Ordinary

IN 1000008 Ordinary

LIST

QUIT
```

(5)输出样例

```
IN:

1 1000001 Ordinary 0

IN:

2 2000003 VIP 0

LIST:

2 2000003 VIP 0

1 1000001 Ordinary 0
```

```
NEXT:
2000003 VIP
NEXT:
1000001 Ordinary
IN:
3 1000007 Ordinary 0
NEXT:
1000007 Ordinary
NEXT:
Failed:
IN:
4 1000101 Ordinary 0
IN:
5 2000005 VIP 0
IN:
6 1000201 Ordinary 2
IN:
7 1000008 Ordinary 3
LIST:
5 2000005 VIP 0
4 1000101 Ordinary 0
6 1000201 Ordinary 2
7 1000008 Ordinary 3
Good Bye!
```

11.3　Windows 程序设计基础

11.3.1　软件工程

随着计算机性能的不断提升,价格持续下降,计算机的应用领域日益拓广。显然,计算机性能越强,其上运行的软件就会越复杂,这就要求软件工程师们使用更经济、更有效的方式应对日益复杂和庞大的各类软件问题。因此软件工程师们不断积累和总结开发经验,勇于创新改革,以更经济、高效的方式写出高质量的程序,这些经验和创新的精华被系统地组织形成了一个知识体系,构成了软件工程学科的基础。

概括地说,软件工程就是指导软件开发和维护的一门工程学科。它采用工程的概念、原理、技术和方法来开发和维护软件,把经过时间考验被证明为正确的管理技术与当前能够得到的最好的技术方法结合起来,经济地开发出高质量的软件并有效地维护它。

软件开发为什么需要工程化的方法?为了回答这个问题,我们不妨打个比方:假设要求一个小施工队去建造一幢 15 层楼的房子,这个小施工队平时主要从事房屋维修工作,最多能够承接修造房屋院墙这样的小型建造工程;现在要求他们去建造一幢完整的房屋,尽管他们一定会使出他们的全部建造本事,但是一定会有很多事情是他们力所不能及的。比如,他们可能不知道搅拌混凝土时水泥和沙石存在着最佳混合比例,不知道只有这样才能使混凝土能够承受所要求的最大强度,只是凭直觉在干。除此之外,他们建造的房屋可能不仅外观上比不上专业建筑商建造的,同时建造过程中因缺乏恰当的建造计划,最终会产生明显的建造缺陷,而且建造成本更高,周期更长。即使这个小施工队有勇气承接下这个工程,最终仍然不可避免地会失败。也许建造过程中这个房屋就坍塌了,因为他们不知道原材料强度的分析和计算原理;也许建造工期严重延误,因为他们不知道准备恰当的预算,没有对所需原材料的种类和数量以及工程时间作详细计划。总而言之,要成功地建造这样一幢房屋,需要具备全面的土木和建筑工程技术知识,诸如分析、预算、建模、计划、设计和检测等。软件项目的开发过程也是如此,对于小型软件的开发,一个人可以凭借个人直觉和经验获得成功,但是,这个软件难免会存在一些缺陷,如成本偏高、工期过长等。但是,如果是一个大型的软件开发项目,若缺乏对软件工程学科的全面理解,失败几乎是必然的。

软件工程应用计算机科学、数学(用于构造模型和算法)和管理科学(用于计划、资源、质量和成本等的管理)等原理,借鉴传统工程(用于制定规范、设计范型、评估成本、权衡结果)的原则和方法,创建软件,以达到提高质量、降低成本的目的。

经过几十年的演变,软件开发方式由注重技巧的艺术形式演变为一种工艺形式,进而形成了软件工程学科。实际上这种演变模式在其他的工程领域也是不难看到的。无论是炼铁、造纸还是建筑,其技术的演变极其相似。以炼铁技术为例。在古代,只有少数能人知道如何炼铁,他们严格保守着这个秘密,只在家族内部代代相传。随着生产规模的扩大,这个秘密逐渐成为一种通过师徒传授的生产工艺,这时有关炼铁的知识和经验也在慢慢积累。到后来,通过对炼铁相关知识和经验的系统组织,现代企业化地经营运作,现代炼铁技术终于诞生了。软件工程学科的诞生也是如此。

早期的程序员大都使用一种探索式的方式编程,这种方式也被称为"编写和修改"编程方式。在这种方式下,程序员一般都不进行软件定义、计划和设计,就很快开发出一段质量低的程序。只有在使用或测试时,程序的缺陷才被发现,这时程序员才予以修改。这种探索式编程方式是一种随意的方式,每个程序员根据自己的直觉、喜好和经验去编程。该方式把编程看成是一种艺术,完全凭直觉。该方式也是很多学生和编程新手经常使用的方式。最终人们发现该方式带来的不仅是低质量的程序,而且由于缺乏必要的文档,得到的是无法维护的代码,同时由于反复的修改还会导致开发成本和进度无法控制。在早期的软件开发中当然也不乏一些优秀的程序员,这些程序员懂得一些编程法则(或者称为诀窍),但他们很少与水平低的程序员分享这些诀窍。多年以后,这些好的编程法则或诀窍以及大家的创新改革被系统地组织成一个知识体系,这就形成了软件工程的核心内容。早期的程序员大都像艺术家一样基于技巧编写出好程序,而现代的软件产业界内,程序员很少使用技巧进行编程,他们都是基于易理解的原则去开发软件。

如今,软件工程的方法、技术和工具被业界广泛接受和采纳,同时伴随着人们的开发实践不断创新、完善和发展。但是也有批评者指出软件工程学科提供的很多方法和行为指南缺乏科学基础,太主观,有的甚至是名不副实的。尽管如此,软件开发的大量实践表明软件工程对于大型软件产品的开发是必不可少的,而探索式开发仅仅能保证小型程序开发的成功。

11.3.2　软件生命周期

微软的 Windows、Office 以及数码相机、激光打印机附带的软件是我们熟知的商业软件，还有很多更复杂的我们不熟知的商业软件，比如火车票订票软件、电子商务软件、ERP（企业资源计划）软件等。这些软件产品都是以软件项目的方式开发的，不同于学生在程序设计课程中作为作业完成的程序。

程序是个人开发供个人使用的，因此，程序规模小并且功能有限。同时，程序的开发者往往就是程序的唯一使用者，也是程序的维护者，所以程序通常缺乏良好的界面和适当的文档。而软件产品则不同，它有很多的用户，拥有良好的用户界面、用户手册以及完备的文档在支持。正因为软件产品会有很多的用户，所以它要进行系统的设计、细致的实现，并进行完备的测试。此外，一个软件产品不仅包括程序代码，而且包括所有需要的文档，比如需求规格说明文档、设计文档、测试文档、用户手册。更显著的区别还在于软件产品往往规模很大以至于很难由个人完成，通常是由在一个团队中的一组工程师共同开发。众多软件开发机构意识到要生产高质量的软件产品，避免产生进度和成本的蔓延，就应该遵循软件生命周期模型以使软件开发按照系统化、规范化的方式进行。

同任何事物一样，一个软件产品或软件系统也要经历孕育、诞生、成长、成熟、衰亡等阶段，一般称为软件生命周期（software life cycle），有时也称为系统开发生命周期（systems development life cycle，SDLC），即软件从产生直到报废的生命周期。可以将整个软件生命周期划分为三个时期：软件定义、软件开发和软件维护。每个时期又可进一步划分为若干个不同的阶段，每个阶段都有明确的任务，产生必要的文档，这样即使软件规模大，结构复杂，软件开发也容易控制和管理。

> 软件定义时期通常可以划分为问题定义、可行性研究和需求分析等三个阶段。

> 软件开发时期通常可以划分为总体设计、详细设计、实现和测试等四个阶段。

> 软件维护通常不再进一步划分阶段，但每一维护活动本质上就是一次小规模的定义和开发过程。

下面详细介绍各阶段的主要任务。

（1）问题定义

要求系统分析员与用户进行交流，弄清"用户需要计算及解决什么问题"，然后提出关于"系统目标与范围的说明"，提交用户审查和确认。

（2）可行性研究

一方面在于把待开发的系统的目标以明确的语言描述出来，另一方面从经济、技术、法律等多方面进行可行性分析。

（3）需求分析

弄清用户对软件系统的全部需求，编写需求规格说明书和初步的用户手册，提交评审。

（4）总体设计

确定实现目标系统的方案并论证选择出最佳方案，同时设计软件系统的体系结构。

（5）详细设计

根据总体设计的结果，详细设计每个模块的流程、算法和数据结构。

（6）实现

根据详细设计的结果，选定程序设计语言完成源程序的编码。

（7）测试

通过各种类型的测试使软件达到预定的要求。

（8）维护

通过各种必要的维护活动使系统持久地满足用户的需要。

通常使用生命周期模型简洁地描述软件过程，也就是明确什么人（Who）在什么时候（When）、做什么事（What）以及怎样做这些事（How）以开发出某一软件。迄今为止，人们根据软件项目的特点和要求提出了多种过程模型，典型的过程模型有：瀑布模型、快速原型模型、渐增模型、螺旋模型等。

11.3.3 Windows 程序消息机制

Windows 操作系统是目前常用的操作系统之一，学习了 C 语言之后，学生完全有能力开发基于 Windows API 的应用程序。Windows 应用程序的设计过程：首先是建立 Windows 窗体，然后程序等待消息，再执行相应的消息处理程序[3]。

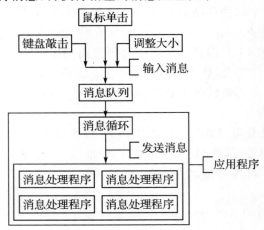

图 11-1　Windows 应用程序的消息处理机制

（1）建立窗体

Windows 应用程序从 WinMain() 开始[4]。建立窗体代码如下：

```
1    int WINAPI WinMain (HINSTANCE hInstance, HINSTANCE hPrevInstance, PSTR szCmdLine,
     int iCmdShow)
2    {
3        static TCHAR szAppName[]= TEXT ("Snake Game");
4        MSG msg;
5        WNDCLASS wndclass;
6        wndclass.style=CS_HREDRAW | CS_VREDRAW;
7        wndclass.lpfnWndProc=WndProc;
8        wndclass.cbClsExtra=0;
9        wndclass.cbWndExtra=0;
10        wndclass.hInstance=hInstance;
```

```
11        wndclass.hIcon=LoadIcon (NULL, IDI_APPLICATION);
12        wndclass.hCursor=LoadCursor (NULL, IDC_ARROW);
13        wndclass.hbrBackground=(HBRUSH) GetStockObject (WHITE_BRUSH);
14        wndclass.lpszMenuName=NULL;
15        wndclass.lpszClassName=szAppName;
16        if (! RegisterClass (&wndclass))
17        {
18        MessageBox (NULL, TEXT ("This program requires Windows NT!"),szAppName, MB_ICON-
          ERROR);
19        return 0;
20        }
21        hwnd= CreateWindow (szAppName,  // Window class name
22        TEXT ("Snake Move"),  // Window caption
23        WS_OVERLAPPEDWINDOW,  // Window style
24        CW_USEDEFAULT,  // initial x position
25        CW_USEDEFAULT,  // initial y position
26        CW_USEDEFAULT,  // initial x size
27        CW_USEDEFAULT,  // initial y size
28        NULL,  // parent window handle
29        NULL,  // window menu handle
30        hInstance,  // program instance handle
31        NULL);  // creation parameters
32        ShowWindow (hwnd, iCmdShow);
33        UpdateWindow (hwnd);
34
35        while (GetMessage (&msg, NULL, 0, 0))
36        {
37        TranslateMessage (&msg);
38        DispatchMessage (&msg);
39        }
40        return msg.wParam;
41    }
```

每行的详细作用请参看文献[4]。

(2)VC++ 的消息机制

消息系统对于一个 win32 程序来说十分重要,它是一个程序运行的动力源泉。一个消息,是系统定义的一个 32 位的值,定义了唯一的一个事件,向 Windows 发出一个通知,告诉应用程序某个事情发生了。例如,单击鼠标、改变窗口尺寸、按下键盘上的一个键都会使 Windows 发送一个消息给应用程序。WinMain() 函数中的第 35~39 行就是 Windows 窗体接受消息,并由 WndProc() 处理消息。

```
1     LRESULT CALLBACK WndProc (HWND hwnd, UINT message, WPARAM wParam, LPARAM lParam)
2     {
3         char s[100];
```

```
4          switch (message)
5          {
6          case WM_TIMER:   //定时器消息
7                   //相应的消息处理程序
8                              break;
9          case WM_KEYDOWN:   //键盘消息
10             {
11                   switch ((int)wParam)
12                   {
13                                  case VK_UP:   //向上↑
14                                     //相应的键处理程序
15                                     break;
16                                  case VK_DOWN:   // 向下↓
17                                     //相应的键处理程序
18                                     break;
19                                  case VK_LEFT:   //向左←
20                                     //相应的键处理程序
21                                     break;
22                                  case VK_RIGHT:   // 向右→
23                                     //相应的键处理程序
24                                     break;
25                                  case VK_RETURN:   //回车
26                                     //相应的键处理程序
27                                     break;
28                                  case VK_ESCAPE:   //Esc 键
29                                     //相应的键处理程序
30                                     break;
31                                  case VK_SPACE:   //空格键
32                                     //相应的键处理程序
33                                     break;
34                   }
35             }
36          break;
37      case WM_DESTROY:   //关闭窗体消息
38          PostQuitMessage (0);
39          return 0;
40      }
41      return DefWindowProc (hwnd, message, wParam, lParam);
42   }
```

message 参数：是 Windows 应用程序的消息，本例中用到的消息有 WM_TIMER（定时器消息）、WM_KEYDOWN（键盘按下消息）、WM_DESTROY（关闭窗体消息）。

wParam 参数：对应于键盘消息，该参数表示键盘消息中的按下的具体的键的 ASCII 值，具体定义如下：VK_RETURN、VK_LEFT、VK_RIGHT、VK_UP、VK_DOWN、VK_ESCAPE。

11.3.4　Windows 窗体坐标系统

Windows 窗体是图形界面,其坐标系统如图 11-2 所示。

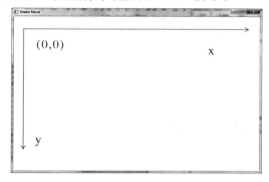

图 11-2　Windows 窗体默认坐标系统

11.3.5　相关函数简介

由于本项目是 C 语言与 Windows API 函数结合编写的,因此结合 API 函数,预先编写了几个常用函数。

(1)文本输出函数

函数原型:void PrintText(int x,int y,TCHAR s[])。

功能:在指定(x,y)处输出文本 s。

```
void PrintText(int x,int y,TCHAR s[])  //指定位置输出字符串
    {
        HDC hdc;
        hdc=GetDC(hwnd);
        TextOut(hdc,x,y,s,strlen(s));
        ReleaseDC(hwnd,hdc);
    }
```

(2)输出分数和等级函数

函数原型:void PrintTitle(int score,int level)。

功能:score 表示分数,level 表示等级。

说明:本函数调用 sprintf()函数和 PrintText()函数,sprintf()的使用说明参见 C++ 帮助文件,需要包含<stdio.h>头文件。

```
    void PrintTitle(int score,int level)  //输出分数和等级
    {
        char str[100];
        sprintf(str,"当前分数%5d",score);
        PrintText(200,20,str);
        sprintf(str,"等级%5d",level);
        PrintText(200,50,str);
    }
```

(3)设置定时器运行间隔

函数原型:void SetSpeed(int movespeed)。

功能:设置定时器间隔时间 movespeed 毫秒,1 秒=1000 毫秒。

说明:该函数调用了 APISetTimer()函数。

```
void SetSpeed(int movespeed)  //设置定时器间隔
{
    SetTimer(hwnd,1, movespeed, NULL);
}
```

(4)停止定时器

函数原型:void StopTimer()。

功能:使定时器不工作。

说明:该函数调用了 API KillTimer()函数。

```
void StopTimer()
{
    KillTimer(hwnd,1);
}
```

(5)画矩形

函数原型:void DrawRectangle(int x1,int y1,int x2,int y2,int color)。

功能:在指定位置和指定颜色(color)画矩形,其中矩形的对角点坐标为(x1,y1)和(x2,y2)。

说明:该函数调用了 API 的相关函数。

```
void DrawRectangle(int x1,int y1,int x2,int y2,int color)  //画矩形
{
    HDC hdc;
    hdc=GetDC(hwnd);
    HBRUSH hBrush;
    RECT rect;
    POINT a[4];
    a[0].x=x1,a[0].y=y1;
    a[1].x=x2,a[1].y=y1;
    a[2].x=x2,a[2].y=y2;
    a[3].x=x1,a[3].y=y2;
    a[4].x=x1,a[4].y=y1;
    SetRect (&rect,x1,y1,x2,y2);

    hBrush=CreateSolidBrush(color);
    FillRect(hdc,&rect,hBrush);  //填充矩形
    SelectObject(hdc,GetStockObject(BLACK_PEN));
    Polyline(hdc, a,5);  //画边框

    ReleaseDC(hwnd,hdc);
    DeleteObject(hBrush).
}
```

（6）颜色设置

Windows API 函数中 RGB（）颜色设置。

格式：RGB（r,g,b），r 为红色的值，范围 0～255，g 为绿色的值，范围 0～255，b 为蓝色的值，范围 0～255。

```
int color=RGB(255,255,255)  //白色
color=RGB(0,0,0)  //黑色
```

（7）随机函数

C 语言 math.h 头文件中定义了随机函数 rand（），如果要生成一个 0～255 间的随机数，可以用：

```
srand((unsigned int )time(NULL))
int k= rand()% 256
```

为使每次产生的随机数不一致，要确定随机函数的种子。time（）为一时间函数，包含在 math.h 头文件中。

11.4　贪吃蛇游戏设计

读者可根据所提供的程序实例，分析程序的界面、功能等，在 VC++ 环境下模拟设计贪吃蛇游戏。

11.4.1　程序界面

贪吃蛇游戏的程序界面如图 11-3 所示。

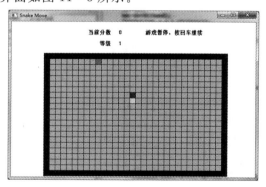

图 11-3　程序界面

11.4.2　游戏功能

游戏的基本功能有：

➤ 食物：食物的位置是随机的。

➤ 蛇的起始位置：在界面的中间，蛇的长度为 2。

➤ 程序开始：按 ENTER 键开始执行程序。

➤ 蛇的移动方向：默认向上，可以按键盘中的方向键控制蛇移动的方向。

➤ 蛇的移动速度控制：蛇的移动速度由定时器控制，间隔越短，移动速度越快，每间隔

一定时间(由定时器设定),蛇按指定方向移动一格。

➤ 吃食物:当蛇头的下一位置与食物的位置一致时,蛇增长一格,积分增加 10 分。再次随机产生食物,但要判断新产生的食物是否在蛇的范围内。积分至 100 的整数倍分数时,玩家的积分增加 1,移动速度加快。

➤ 游戏结束:当蛇头的下一位置与边界一致时,游戏结束。当蛇头的位置进入到蛇身体时游戏结束。

➤ 按 Esc 键暂停程序,按 Space 键继续。

11.4.3　游戏概要设计

(1)界面的表示

游戏界面用一个二维坐标来表示,横、纵坐标用 x,y 来表示界面中的每一个方格位置。如 x=10,y=10 表示第 10 行的第 10 个方格。定义一个结构体表示界面上的方格。

```
typedef struct
{
    int x;
    int y;
}Grid;
```

(2)蛇的结构表示

```
#define N 200
typedef struct
{
    Grid p[N];   //蛇的最大长度
    int len;     //蛇的实际长度
    int dir;     //蛇移动的方向
}SNAKE;
```

(3)食物的结构表示

```
typedef struct
{
    int active;   //食物是否有效
    Grid p;       //食物的位置
}FOOD;
```

(4)程序初始化

①产生新蛇,长度为 2;

②产生食物;

③画背景;

④画蛇;

⑤画食物;

⑥设置定时器;

⑦其他设置和显示。

(5)程序接受定时器消息,处理定时器消息

(6)程序接受键盘消息,处理键盘消息

(7)其他设计

①尽可能使用宏定义,如第(0,0)个方格的显示位置,蛇头和蛇身的颜色,食物的颜色,方格的长度,水平和垂直的方格数等。

②尽可能地使用函数,如产生新蛇、新食物、画蛇、画背景、画食物等。

11.5　老鼠走迷宫游戏设计

老鼠走迷宫是指老鼠从指定入口进入迷宫,找到一条合适的路径,到达出口。

(1)迷宫数据

在给定的 mouse.txt 的文件中,最前面的两个整数为迷宫方格的个数 m 和 n,后两个数为迷宫入口,随后两个数为迷宫的出口,随后是 m * n 个整数,1 表示障碍,0 表示通道。

```
24 24 1 1 1 24
0 0 0 0 0 0 0 0 1 0 0 0 0 0 0 0 0 0 1 0 0 0 0
0 0 0 0 0 0 0 0 1 0 0 0 0 0 0 0 0 0 1 0 0 0 0
0 0 0 0 0 0 0 0 1 0 0 0 0 0 0 0 0 0 1 0 0 0 0
0 0 0 0 0 0 0 0 1 0 0 0 0 0 0 0 0 0 1 0 0 0 0
0 0 0 1 0 0 0 0 1 0 0 0 0 0 1 0 0 0 1 0 0 0 0
0 0 0 1 0 0 0 0 0 0 0 0 0 0 1 0 0 0 1 0 0 0 0
0 0 0 1 0 0 0 0 0 0 0 0 1 0 0 0 0 0 1 0 0 0 0
0 0 0 1 0 0 0 0 0 0 0 0 1 0 0 0 0 0 1 0 0 0 0
0 0 0 0 1 1 1 1 1 1 1 1 1 1 1 1 1 1 0 0 0 0
0 0 0 0 1 0 0 0 0 0 0 0 0 0 0 0 0 1 0 0 0 0
0 0 0 1 0 0 0 0 0 0 0 0 0 0 0 0 0 1 0 0 0 0
0 0 0 1 0 0 0 0 0 0 0 0 0 0 0 0 0 1 0 0 0 0
0 0 0 1 0 0 0 0 0 0 0 0 0 0 0 0 0 1 0 0 0 0
0 0 0 0 0 0 0 1 1 1 1 1 0 0 0 0 1 0 0 0 0
0 0 0 0 0 0 0 1 0 0 0 0 0 0 0 1 0 0 0 0
0 0 0 0 0 0 0 1 0 0 0 0 0 0 0 1 0 0 0 0
0 0 0 0 0 0 0 1 0 0 0 0 0 0 0 1 0 0 0 0
0 0 0 0 1 0 0 0 0 0 0 0 0 0 1 0 0 0 0
1 1 1 1 1 1 1 1 1 0 0 0 1 1 1 1 1 0 0 0 0
0 0 0 0 0 0 0 0 0 0 0 0 1 0 0 0 0 0 0 0 0
0 0 0 0 0 0 0 0 0 0 0 0 1 0 0 0 0 0 0 0 0
0 0 0 0 0 0 0 0 0 0 0 0 1 0 0 0 0 0 0 0 0
```

(2)程序界面

程序界面如图 11-4 所示。

(3)设计概要

①定义方格点:

```
typedef struct
{
    int x;
    int y;
}Grid;
typedef struct
{
    Grid p;
    int dir;   //移动方向
}NODE;
```

②程序接受键盘消息,处理键盘消息,如果下一点是墙或边界,则不能移动。否则,移动新的点,原来这个点的颜色用背景色表示,新点用当前位置颜色表示。

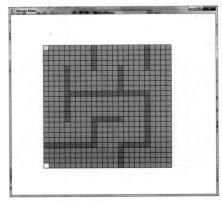

图 11-4　老鼠走迷宫程序界面

(4)程序功能

按方向键,老鼠按指定方向行走,每走一步,图上就显示当前点的位置,遇到障碍和边界,老鼠就不能移动。

11.6　深度搜索

老鼠从指定入口进入迷宫,可以沿四个方向移动,即向上、向下、向左和向右。老鼠从 Grid(1,1)进入迷宫 t[0]=Grid(1,1),首先向上移动,如果向上移动到达的点是边界或墙或已经走过的点,则换一方向继续移动,如果不是以上几种情况,该点成为下一起点 t[1],如果该点的四个方向都没有可移动的点,则该点可以设置为墙,数组 t 回退一格。这样一直移动,如果下一点是出口,则程序结束,如果 t[0]的四个方向都已走过,则没找到路径(见图11-5)。

程序设计每隔 20 毫秒自动走一格的深度搜索如图 11-6 所示。深色表示为回溯的路径,最浅的为搜索路径。

①定义数组 t:

```
NODE t[10000];
int n;   //数组长度,初值为 0
```

②将初始数据从文件读入；

③将入口的 Grid 加入到数组，且数组长度加 1；

④程序接受定时器消息，每间隔 20 毫秒搜索一次；

⑤按指定顺序向四个方向搜索，如果下一点不是墙，不是边界，也没有走过，也不在数组 t 中，则将该点加到数组，并且长度加 1，并用不同颜色表示该点已加入数组 t。

从该点出发，按顺序向四个方向搜索，如果下一点不是墙、也没有走过、也不在数组 t 中，则将该点加到数组，并且长度加 1。如果四个方向均已搜索，则将该点从数组 t 中删除，即 n－－，该点用深色表示。如果下一个移动的点是终点，则程序结束。

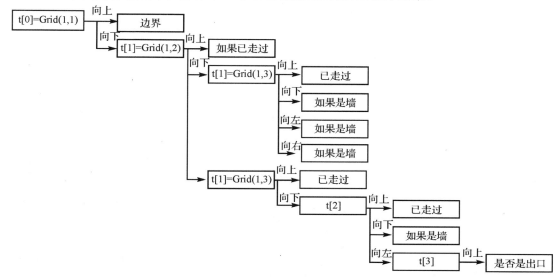

图 11-5　老鼠走迷宫的深度搜索(加粗箭头表示回溯)

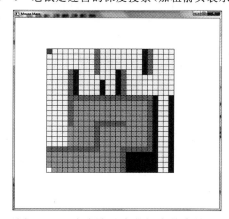

图 11-6　老鼠走迷宫的深度搜索结果

11.7　广度搜索

老鼠从指定入口进入迷宫，可以沿四个方向移动，即向上、向下、向左和向右。老鼠从 Grid(1,1)进入迷宫 t[0]＝Grid(1,1)，向四个方向搜索，如果向四个方向移动到达的点是边界或墙或已经走过的点,则不加入数组 t,如果不是以上几种情况,分别将各点加入数组 t。然后从这些点出发向四个方向移动,如果向四个方向移动到达的点是边界或墙、或已经走过的点,则不加入数组 t,如果不是以上几种情况,分别将各点加入数组 t。如果有一个点到达出口,则程序结束。再次以这些点为起点,向四个方向搜索(见图 11-7)。

①定义数组 t:

```
typedef struct
{
    Grid p;
    int parentn;    //父结点在数组 t 中编号
}NODE;
NODE t[10000];
int n;    //数组长度,初值为 0
```

②将初始数据从文件读入,并将当前点作为下一次的搜索起点,current n＝n;

③程序接受定时器消息,每间隔 20 毫秒搜索一次;

④将入口的 Grid 加入到数组,且数组长度加 1,t[1]父结点为－1,表示起点;

⑤并将 current n＝n－1,即下次循环的起点;

⑥从 t[current n]至 t[n－1]范围的所有点,同时按指定顺序向四个方向搜索,如果下一点不是墙,也没有走过,也不在数组 t 中,则将该点加到数组,设置记录该点的父结点,并且长度加 1,并用颜色表示该点已加入数组 t,且 next n＝n(下次循环的起点),判断新加入的点是否是终点,如果是终点,则定时器停止工作,程序结束;

⑦current n＝next n,重复第⑥步;

⑧如果到达终点,则从终点开始,根据第 n 个点的父结点的编号,画出老鼠的行走路径。

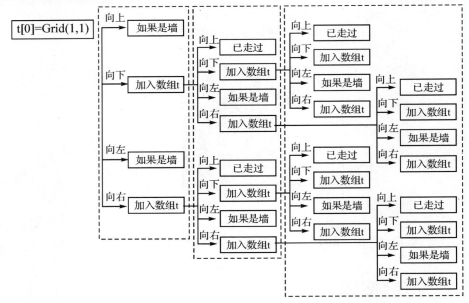

图 11-7　老鼠走迷宫的广度搜索(竖线粗细表示搜索的层次)

参考资料

［1］　苏小红等著. C 语言程序设计. 北京：高等教育出版社，2011.

［2］　谭浩强. C 程序设计（第二版）. 北京：清华大学出版社，1999.

［3］　尹成，颜成钢. Visual C++　2010 开发权威指南. 北京：人民邮电出版社，2010.

［4］　Charles Petzold 著．Windows 程序设计. 北京博彦科技发展有限公司译. 北京：北京大学出版社，2002.

［5］　何钦铭，颜晖. C 语言程序设计（第 2 版）. 北京：高等教育出版社，2012.

［6］　教育部高等学校计算机基础教学指导委员会. 高等学校计算机基础核心课程教学实施方案. 北京：高等教育出版社，2010.